信息科学技术前沿丛书

U0149714

不确定高阶多智能体系统的最优一致性算法

唐于涛　著

北京邮电大学出版社
www.buptpress.com

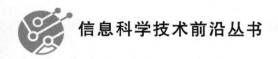

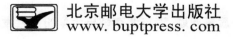

内 容 简 介

本书主要介绍不确定高阶多智能体系统的最优一致性算法。全书共分11章，其中第1章概述了多智能体相关的基本概念、典型问题及其研究现状；第2章给出多智能体系统最优一致性问题的一般性描述，并提出了一种基于抽象化的分层设计方案；第3～9章针对几类典型不确定高阶多智能体系统设计了最优一致性算法，并进行了理论分析和仿真验证；第10章关注决策层的不确定性，讨论了基于非精确 Oracle 的最优一致性算法；第11章利用上述分层设计方案研究了不确定高阶多智能体系统的分布式博弈问题。

本书可供复杂系统分析与控制、分布式人工智能等领域的研究人员使用，亦可供相关工程技术人员参考。

图书在版编目(CIP)数据

不确定高阶多智能体系统的最优一致性算法 / 唐于涛著. -- 北京 : 北京邮电大学出版社，2023.8

ISBN 978-7-5635-7014-0

Ⅰ. ①不… Ⅱ. ①唐… Ⅲ. ①智能系统－研究 Ⅳ. ①TP18

中国国家版本馆 CIP 数据核字(2023)第 161828 号

策划编辑：姚顺 刘纳新 **责任编辑：**姚顺 陶恒 **责任校对：**张会良 **封面设计：**七星博纳

出版发行：北京邮电大学出版社
社　　址：北京市海淀区西土城路10号
邮政编码：100876
发 行 部：电话：010-62282185 传真：010-62283578
E-mail：publish@bupt.edu.cn
经　　销：各地新华书店
印　　刷：北京虎彩文化传播有限公司
开　　本：720 mm×1 000 mm 1/16
印　　张：8.75
字　　数：159千字
版　　次：2023年8月第1版
印　　次：2023年8月第1次印刷

ISBN 978-7-5635-7014-0 定 价：39.00元

前　　言

多智能体系统是当前控制领域的研究热点，在传感器网络、智能电网、无人机集群、机器学习等方面有许多重要的应用。研究多智能体系统的协同问题就是要为各智能体设计分布式算法，使整个系统具有期望的整体特性或能够实现给定任务。

近年来，以分布式优化和博弈为代表的一类带性能指标的多智能体最优协同问题引起了相关研究人员的重视，国内外专家学者在这方面取得了一系列理论成果。但现有工作大都从数学规划或数值计算的角度出发，侧重研究智能体为单积分器时的最优协同问题。

随着计算机、通信、传感器及小型化等技术的快速发展，越来越多以机器人、无人车或飞行器等物理系统为载体的工程多智能体系统被应用到具体实践中，尝试解决如联合搜救、区域监控、协同打击等单个智能体无法解决的实际问题。由于这些实际物理系统的动力学通常无法用单积分器描述，且可能存在各种不确定性，直接使用现有算法未必能够保证这类工程多智能体系统实现期望的协同目标。因此，必须对智能体系统动力学带来的影响进行合理的估计和补偿。本书即围绕高阶多智能体系统的最优一致性问题展开，讨论了不同类型的系统不确定性对该问题可解性的影响，并针对性地提出了相应的解决方案，为下一步算法的部署和验证提供了理论支持。

全书共分 11 章，主要内容安排如下。第 1 章概述了智能体及多智能体的基本概念、典型问题及其研究现状。第 2 章给出了不确定高阶多智能体系统最优一致性问题的一般性描述，提出基于抽象化的分层设计方案，并简述了其基本架构和设计流程。第 3～9 章主要关注控制层的不确定性问题，针对几类典型不确定高阶多智能体系统设计了最优一致性算法，并进行了理论分析和仿真验证。其中，第 3 章讨论了串联积分器型多智能体系统的最优一致性问题，构造了基于分层设计的分布式算法；第 4 章讨论了静态不确定性下高阶多智能体系统的最优一致性问题，针对静态不确定性能否写成线性参数化形式，分别设计了基于自适应和内模原理的分布式算法；第 5 章讨论了动态不确定性问题，介绍了基于动态估计器和基于内模的最优一致性算法；第 6～7 章分别讨论了同时含静态和动态不确定性的线性和非线性多智能体系统的最优一致性问题；第 8 章考虑动力学中控制方向的不确定性，设计了基于 Nussbaum 函数的分布式最优一致性算法；第 9 章针对含外部扰动的离散时间线性多智能体系统，构建了基于分层设计的分布式算法。第 10 章关注决策层不确定性的影响，讨论了基于非精确 Oracle 的最优一致性算法。第 11 章讨论了不确定高阶多智能体系统的分布式博弈问题，进一步验证了分层设计方案在处理复杂多智能体协同控制问题中的有效性。

本书内容主要来自作者近几年的最新研究成果，偶有少量结论首次见诸文献。本书的撰写和出版过程得到许多朋友、同事和学生的帮助与支持，并获得国家自然科学基金委员会的资助（项目编号：61973043），借此机会一并表示感谢。

由于作者的研究视野和学术水平有限，加之时间仓促，书中难免存在疏漏和不妥之处，敬请读者批评指正。

作　者

目　录

第1章 绪论

几千年来，人类一直试图理解智能的本质并热衷于构建具备一定智能属性的机器。但针对何谓智能以及如何构建智能机器这两个根本问题，科学家们依旧仁者见仁、智者见智。本书主要从控制的角度来讨论不确定多智能体系统的协同问题。按照文献[1]的提法，这部分研究可大致归入理性智能体方法的范畴。本章的目的是结合现有文献，对相关研究成果进行梳理和归纳，厘清一些基本概念、方法之间的脉络，并对当前多智能体系统协同控制研究中存在的问题和可能的突破作简单评述。

1.1 智能体与多智能体系统

智能体是人工智能领域最基本的术语之一，也是本书的主要研究对象。如同人们对智能本身的理解千差万别一样，如何界定智能体是一个充满争议的话题，至今没有一个被广泛接受的统一概念[1,2]。

严格来说，智能体对应的英文应是 intelligent agent 而非 agent。单独使用的 agent 常翻译为主体、个体或代理，其广泛出现在人工智能、软件工程、经济学等不同领域[3-6]。最早将 agent 作为专业术语使用的大概是 Minsky。他在经典著作《心智社会》(*The Society of Mind*）中提出了一种构建人类心智的方案，认为智能可经由一组本身并不具备智能属性的部件交互产生[7]。书中称这样的部件为 agent。在复杂系统理论研究中，这种由许多小的组分相互作用而成的事物展现出构成它的组分所不具备的新特性的现象，被称为“涌现”(emergence)。事实上，涌现被认为是系统复杂性的核心特征，发现涌现并研究复杂系统的涌现规律至今仍是系统理论的重要研究方向[8]。在 Minsky 之后，不少学者针对特定场景和实际需求提出了不同版本 agent 的定义方式。

文献[9]对当时 agent 的各种定义进行了较完整的梳理和总结，并将其分为弱和强两类。其中弱的 agent 指具备自主性、社会性、反应性和能动性等特性的任一软、硬件系统，可简单将其具象化为具备以上特性的计算机软件进程。而强的 agent 除具备弱定义中的所有特性外，还具备一些人类所独有的精神或情感等特性，如知识、信念、义务、意图等。至于知识、信念、义务、意图等的定义则是更深入的话题。这种分类方法与人工智能的强弱分类暗合。后来，Wooldridge 在其专著 *An Introduction to Multiagent Systems* 中给出如下定义：agent 是处于一定环境(environment)中并能为实现既定目标采取自主行动的计算机系统。该定义强调 agent 至少应具备自主性。如果该 agent 还具有反应性、能动性和社会性，则称其为 intelligent agent。

Russell 和 Norvig 在文献[1]中也给出过类似的定义，指出 agent 是可以被视为通过传感器 (sensor) 感知所处环境并通过执行器 (actuator) 对该环境产生作用的任意事物。与此同时，他们推崇采用理性化主体 (rational agent) 的方法实现人工智能。当然，理性决策是非常复杂的，特别是讨论完美理性并没有太大的实用性。因此文献[1]更多地采纳了 Simon 提出的有限理性(bounded rationality)的概念[10]，认为如果 agent 对于每个可能的感知序列，都能根据已知感知序列提供的证据和内建的先验知识采取使得期望性能最大的动作，则称它是理性的，即智能的。此外，Nilsson 等学者也对 agent 和 intelligent agent 有各自的见解[11]。但总的来说，这种主体-环境的二元定义方式得到了广泛认可，人们普遍认为智能应具备一定的目标导向性。

在研究 agent 时实际上主要关心的是 intelligent agent。因此，现有文献常直接使用 agent 指代 intelligent agent。对相应的中文提法，如智能体、个体、自主体或代理等概念并不详加区分。本书遵循这一惯例，只有当二者一同出现时，用主体和智能体分别指代 agent 和 intelligent agent 以示区别，其他情况均使用智能体泛指具备以上部分或全部能力的任意实体。

根据上述讨论，任一智能体所面临的核心问题是确定下一步的动作以期实现其设计目标。而该问题的难度与智能体内部的工作方式(或体系结构)和环境的性质有关。Rusell 提出用性能度量、环境、执行器、传感器等四方面要素来描述任务环境，同时按照体系结构将智能体分为简单反射型智能体、基于模型的反射型智能体、基于目标的智能体和基于效用的智能体四类。智能体的设计问题实际上转化成了在给定环境下设计并实现一个可行智能体函数最优化性能度量的问题。由于环境的不确定性、观测的不完备性和内建知识的局限性等因素，智能体必须通过学习的方法来改善它们的期望性能。

类比于控制系统，智能体其实是被控对象的控制器，系统的动力学及不确定性等因素都包含在环境内，性能度量则取决于我们的控制目标。当系统动力学中存在不确定性或外部扰动时，必须动态调整所设计的控制器才有可能实现系统的精确调控，也就是学习能力。

多智能体系统（multi-agent system）是由两个以上智能体通过特定的方式耦合起来组成的系统，有时也称为多自主体系统或多个体系统[2]。与单个智能体相比，多智能体系统强调每个智能体的社会性，即与其他智能体的交互。这一特点决定了多智能体系统有如下几个独特之处：

① 每个智能体的能力不同，有的可能无法获得整个多智能体系统的完备信息；

② 多智能体系统的控制应当是分布式的；

③ 多智能体系统的数据是分散式的；

④ 每个智能体的计算或决策是异步的。

在多智能体系统的分析与设计中既要考虑微观层面上每个智能体的设计问题，又要兼顾宏观层面上全局意义下的设计目标，其难度要比单一智能体大得多。下面仅罗列几个多智能体系统中的典型问题[2]供感兴趣的读者参考。

① 如何将宏观的设计目标分解到微观智能体层面？

② 如何设计智能体之间的通信协议和通信内容？

③ 如何设计微观智能体的更新律，改善群体的协同效果？

④ 如何识别并消解不同智能体之间的冲突？

⑤ 如何有效平衡局部计算和智能体通信之间的负荷？

⑥ 如何在开放的通信环境下保证算法的安全性和隐私性？

多智能体系统起初被普遍认为是分布式人工智能领域的一个研究分支[12]。不过多智能体的概念本身是由多个不同学科相互交叉而产生的，其所涵盖的范围极其广泛。比如，自然界中的神经网络、生态系统、新陈代谢系统，现代社会中的城市经济、交通、物流网络，人造的电力网络、电子商务系统、大型制造系统、决策支持系统等都可以通过适当的建模纳入多智能体系统的范畴。这导致多智能体系统的研究方向众多，往往会涉及认知科学、计算机、经济学、社会学、管理学、软件工程、机器人等不同知识体系。相关研究人员更愿意从所处行业或领域出发去研究具体的多智能体系统，而对抽象层面的统一讨论则要少得多。

以第 22 届智能体及多智能体系统国际会议(AAMAS2023)的征稿启事为例[13]，其中列举了十个不同的投稿领域，即协同、组织、制度、规范；市场、拍卖、非合作博弈理论；社会选择、合作博弈理论；知识表示、推理与规划；学习与适应；社会建模与仿真；人与人工智能/人-智能体交互；工程多智能体系统；机器人学；创新应用。这些领域都具有很强的交叉性，故不同研究人员可能会用到不同的数学工具，相应的结论也就千差万别，这是多智能体系统研究的显著特点。

多智能体系统研究中的一些典型研究方法包括基于搜索的问题求解方法，以逻辑为基础的知识表示和推理方法，基于概率论的贝叶斯网络方法与基于效用函数和马氏决策的强化学习方法等[2]。最近几年，随着深度学习的出现和迅速普及，多智能体学习和强化学习被成功用于求解许多极具挑战性的复杂决策问题，已成为当前人工智能领域最火热的研究话题之一[14-18]。

1.2 多智能体协同控制

本书主要从控制的角度探讨多智能体系统的协同问题。与计算机领域不同，控制领域更关心与智能体系统动力学相关的问题。粗略来说，我们认为智能体的决策输入和决策输出之间不再是简单的代数映射，而是可以用动力系统来描述的决策过程。因此，从控制的角度研究多智能体系统的协同问题，就是要为每个微观智能体构造基于局部信息的分布式控制器以实现整个系统的宏观设计目标。

控制领域对多智能体系统的讨论通常会追溯到 20 世纪八九十年代对生物界群集现象的模拟与探究。例如 Reynolds 在文献[19]中提出一种分布式行为模型，即 Boid 模型，并借助于计算机动画模拟了动物界的群集现象。在该模型中，每个个体都遵循一定的局部信息交流规则，最终导致整个群体表现出一定的集体行为。1995 年，Vicsek 等人提出了著名的 Vicsek 模型[20]。在该模型中，被高度抽象成粒子的智能体，在扰动的影响下按照定常速度依据邻居规则更新各自的角度。与此同时，受这些现象的启发，不少研究人员热衷于将这种集体行为背后的思想应用于民用和国防等领域内单个被控对象无法解决的实际问题中，如丛林火灾控制、机器人联合搜救、物流仓储、区域监控、宇宙探索等[21-24]。近年来，随着计算机、通信、传感器以及小型化技术的蓬勃发展，使用由机器人、无人车或飞行器等构成的工程多智能体系统来解决这些实际问题已经成为一种趋势，多智能体系统的协同控制研究也成为控制领域广泛关注的焦点问题之一[7]。

一致性（consensus），有时也称共识，是多智能体系统协同中的基本问题（或任务）。在该问题中，每个智能体都维护一些指定的变量，同时按照设计好的协议不断与环境和其他智能体交互，并更新其变量，最终所有智能体维护的变量趋于一致。当然，该问题的研究由来已久，其中计算机领域对一致性问题的研究成果最丰富也最深入[25]，提出了诸如FLP不可能定理、CAP原则等理论，以及PAXOS、Zab、Raft等著名算法。最近，在先进通信技术和数字货币风潮的带动下，计算机领域对一致性问题的重视似乎得到了进一步的加强[26-28]。与此同时，其他领域也有不少类似的非常有意义的研究成果。比如，1974年Degroot从观点动力学的角度研究了Delphi法在决策支持中的有效性[29]，1982年Borkar提出了使用多个计算节点对同一随机向量进行分布式估计的问题[30]，这些都可以认为是一致性研究的重要特例。

控制领域对多智能体一致性问题的广泛关注始于文献[31]。该文献的作者考虑线性化后的Vicsek模型，给出了保证所有智能体运动方向实现同步的通信拓扑条件，即一致联合连通性。该论文发表在控制领域顶级期刊《IEEE自动控制汇刊》（*IEEE Transactions on Auotmatic Control*）上，并获得了2005年的George S. Axelby杰出论文奖。尽管不少学者对该论文的实际贡献有不同意见[32]，但它的发表迅速引发了控制领域科研工作者对一致性问题的广泛关注。另一篇有影响力的文献是[33]。Olfati-Saber和Murray在文中分别针对连续时间和离散时间的一阶积分器型多智能体设计了相应的分布式算法，系统地讨论了网络拓扑、通信时滞和信号流方向等不同因素，建立了网络代数连通度与算法收敛性的关系。特别地，他们还证明了网络结构的平衡性对是否能实现平均一致性至关重要。此后，在国内外学者共同努力下，围绕着一致性问题的讨论快速展开，很快就出现了一系列有影响力的成果[34-38]，继而带动了整个控制领域的研究热情。

近二十年来，一致性问题研究的理论成果和实际应用不胜枚举，已经成为控制领域的主流方向之一。这一点从控制领域的两个顶级期刊《IEEE自动控制汇刊》和《自动化》上每年的文章发表量可见一斑。事实上，随着相关研究的不断深入，一致性算法已成为一种基本的信息共享机制（或服务），现有多智能体系统协同算法中都或多或少地含有类似的功能模块，这里就不再一一列举。感兴趣的读者，可通过阅读文献[39]快速了解一致性问题及相关基础知识。

考虑一致性任务描述能力的不足，不少学者致力于研究更加复杂的多智能体系统协同任务，如要求智能体系统的状态（或输出）趋同于一般形式的参考信号（而非常值）。实际上，文献[37]引入积极领导者的概念就是为了处理这类问题。为了处理积极领导者中部分状态不可量测的问题，文献[37,40]分别考虑一阶和二阶积分器型智能体，将经典的观测器方法推广到多智能体系统中，为跟随者构造了基于此的分布式控制器，保证它们能跟上领导者。值得指出的是，其中的分布式观测器本质上就是一种一致性机制。文献[41]考虑了一般线性多智能体系统，在较弱的拓扑条件下实现了领导者-跟随目标。围绕这一提法，在不同类型智能体动力学和拓扑关系的前提下讨论该问题的可解性是过去一段时间以来多智能体协同控制方面的重要研究内容。这其中，比较有代表性的成果是部分学者提出的分布式/协作式输出调节理论。该理论能充分挖掘输出调节理论[42,43]的潜力，为多智能体系统的协同控制提供了一个相对一般化的框架，至今是多智能体协同控制研究的热点[44-50]。

与此同时，也要注意到以上研究文献中的一些不足之处。比如，为更好地讨论系统动力学对多智能体系统设计的影响，现有大部分文献常假定该（虚拟）领导者或外系统的模型是线性、自治且精确可知的。尽管该假设具有一定的合理性，比如可描述经典一致性等多智能体系统协同任务，但这种领导者模型的描述能力具有一定的局限性。实际上，许多实际场合很难确保一定存在满足这些条件的领导者。此外，有学者还讨论过领导者由频率未知的谐波信号构成的情况，结合自适应技术得到了许多有意义的结果[51-53]，但本质上仍未摆脱需要获得外系统精确模型的束缚。

在实际应用中，多智能体系统的协同控制任务往往包括环境交互和在线决策等，还可能会接收来自更高层次的实时命令等，事先无法预知其外系统的精确动力学，只能将其当作一个受控系统。文献[54]将文献[37]和[41]结合，假定所有智能体的系统模型相同，但领导者包含一个未知的有界输入，最终提出了一种非光滑控制器，实现了分布式跟踪。与此同时，受系统抽象化和分层控制研究[55-57]的启发，我们提出了一种基于模拟函数的多智能体系统协同控制方法，使用一个受控系统描述多智能体系统的协同任务，将协同问题转化成一个领导者-跟随问题[58]。值得指出的是，由于抽象系统的动力学可能与实际多智能体系统的动力学差别很大，文献[58]实际上给出了受控领导者条件下异质多智能体系统协同控制的初步结论。后续的文献[59-61]都是直接从这一角度进行进一步讨论的结果。特别是文献[60]，提出并研究了分布式广义输出调节问题，能有效结合非光滑控制和内模方法各自的优势，为研究受控领导者条件下不确定多智能体系统协同控制提供了一个崭新的视角。

总的来说,上面列举的文献大都重点关注多智能体系统的动力学因素。实际上,这只是多智能体系统协同问题研究的一个维度。正如后续章节会提到的,我们还可以从互联复杂性和任务复杂性等不同侧面考察这一问题。下一节将从复杂任务的维度,关注带性能指标的分布式最优协同问题,针对时变拓扑、量化通信、事件触发等复杂互联特性和非合作博弈、隐私保护、安全控制等复杂任务的讨论可参考文献[62-71],此处不再详细展开。

1.3 分布式优化与最优一致性

最优化是运筹和控制领域理论研究中的核心问题,在国民生产、军事国防中发挥着极为重要的作用。过去数十年,随着互联网等新兴技术的发展与普及,出现了大量以网络为对象的新型优化决策问题。该类问题需要网络中的所有节点以合作的方式,利用局部信息进行分布式求解,因此被称为分布式优化(distributed optimization),相关成果已被广泛应用于求解涉及人工智能、集群控制、压缩感知等的实际问题。

现在流行的分布式优化问题的描述方法是 Nedić和 Ozdaglar 提出的[72]。作者假定有一组多智能体和一个求和形式的全局目标函数。每个智能体只知道全局目标函数的一部分信息。尽管每个智能体只能做局部的优化和计算,但智能体之间可以通过不断地通信,交换各自对整体目标函数最优解的估计,最终实现对该全局目标函数的最优化。

实际上,分布式优化问题脱胎于网络优化和并行计算,至少可追溯到 1984 年 Tsitsiklis 的著名博士论文[73]。他在文中提出了一类新的分布式计算模型,并以光滑优化问题为例分析了该模型的收敛性和有效性。在该模型中,目标函数的决策变量被分配给不同的计算节点(可能有重叠),节点之间通过不断地交换信息最终共同找到公共目标函数的最优解。相比于 Tsitsiklis 的工作,文献[72]首次将目标函数推广为分布式的情况,并去掉了目标函数光滑性假设,最终从多智能体系统协同设计的角度给出了相应的分布式次梯度求解算法。在该问题的描述中,每个智能体维护的对全局最优值的估计最终会趋于一致,因此有时也称这类分布式优化问题为最优一致性或最优共识(optimal consensus)问题。

基于 Nedić和 Ozdaglar 的工作,许多学者从数学规划或数值计算的角度出发,致力于放松相应的前提条件，或者开发具有更快收敛速度或具备其他特殊性质的分布式算法。其中有几篇综述性文章较好地归纳了国际上不同课题组讨论分布式优化问题的研究方法及相应进展[74-76]。2020 年 IEEE 旗舰刊物 Proceedings of IEEE 出版的专刊[77]更是将分布式优化的研究推向了新的高潮。

下面仅选取几篇与下文关联度较大的文献进行简单评述。文献[78]在一致性算法的基础上加入一步投影操作后得到了一类离散时间算法，保证了各智能体的估计可渐近收敛到一组凸集的交集内。该文献还针对局部约束集相同的约束优化问题设计了相应的分布式次梯度算法。文献[79]考虑在实际应用中精确投影的计算难度，引入了近似投影的概念来设计基于近似投影(次)梯度的分布式算法，给出了保证该算法精确收敛的近似投影条件。文献[80]从随机的角度考察了(次)梯度含有误差时的对偶平均算法，并证明当该误差以一定的速率收敛到零时，直接使用带误差的(次)梯度，不影响优化问题的求解。基于对偶理论的思想，文献[81]考虑了约束集可用带等式和不等式显示描述的约束优化问题，并提出了一种分布式原始-对偶次梯度算法。注意到文献[72]中的迭代步长必须收敛到零才能实现精确收敛，这导致相应的迭代序列收敛非常慢，为解决该问题，文献[82]设计了基于一种分布式版本的增广 Lagrangian 算法，得到了线性收敛速度。文献[83]也给出了类似的分布式算法，只需固定步长就可以精确求得全局最优解。显然这种固定步长设计比利用衰减步长具有更快的收敛速度。此外，文献[84,85]也对如何提高算法的收敛速度进行了较深入的研究。针对非平衡图下分布式算法的研究可参考文献[86-89]。

与此同时，不少从事控制理论研究的学者尝试从控制的角度对上述分布式优化算法进行分析和改进。与数学规划不同，控制领域最常见的研究对象是微分方程。因此，从控制的角度出发的研究工作主要侧重于连续时间的优化算法设计与分析。事实上，早在 20 世纪五六十年代，不少学者就开始研究连续时间的优化算法[90]。文献[91,92]从控制的角度出发，对上述文献中的原始-对偶动力学进行了重新解读，提出了基于此方法的连续时间算法以求解无向连通图下的分布式优化问题，并利用稳定性理论对上述算法进行了分析。文献[93,94]进一步将上述算法推广到有向平衡图的情形。文献[95]利用目标函数的二阶信息提出了另外一类连续时间分布式优化算法，并证明了算法的指数收敛性。此外，还有不少文献研究了带约束的连续时间分布式算法，感兴趣的读者可参考文献[96-99]。

鉴于分布式优化与一致性的天然联系，我们从控制的角度重新审视分布式优化问题。不难看出，分布式优化就是要求动态多智能体能够协作式地保证其状态或输出在全局优化问题的最优解处达成一致。因此,以上工作本质上是在研究单积分器型多智能体系统的协同控制问题。

然而,在实际应用中大量的工程多智能体系统往往以机器人、无人车或飞行器等无法用单积分器建模的物理系统为载体。这就构成了一个典型的信息-物理融合系统(Cyber-Physical System,CPS)。以移动传感器网络为例,它是典型的工程多智能体系统,由一组搭载在可移动平台(如机器人等)上的传感器节点构成。传感器网络的节点部署问题就是要设计这些移动节点的控制算法,通过不断改变各移动节点的位置,在保持网络连通性和一定服务质量的前提下,尽可能扩大网络覆盖范围,进而实现数据采集和目标跟踪等功能。现有研究中通常将移动节点当作单积分器,忽略了其实际动力学中可能的高阶非线性和不确定性等,这导致节点的位置控制必然产生一定的误差,以致降低传感器网络的测量精度,甚至引起部分移动节点发生故障或功能失效,影响移动传感器网络的整体性能等。为改善相应的算法性能,可将该问题建模成一个高阶多智能体系统的分布式优化问题。事实上,还有很多其他类似的实际问题也可以转化成类似的形式,如电网的经济调度问题[100]、机器人联合寻源问题[101]等。

考虑这类工程多智能体系统的实际动力学可能是高阶甚至是非线性的,若直接采用上述成果中设计的控制算法,效果可能很差。文献[102]给出了一个仿真例子,表明即使对于一类具有良好性质的多智能体系统,直接使用单积分器形式的控制算法也可能无法实现指定的分布式优化目标,必须对各智能体系统动力学带来的影响进行合理的估计和补偿。需要指出的是,一些早期的文献(如文献[103,104]等)表明,即使对单个被控对象的情况而言,要解决这种带有优化指标的调节问题也并不简单。

最近几年,为求解这类智能体动力学为非单积分器的分布式优化问题,不少学者做了一些很有意义的尝试。例如,在文献[105]中,作者利用积分控制思想,讨论了二阶积分器多智能体系统的分布式优化算法,并将其推广到动力学为 Euler-Lagrange 系统的多智能体系统中。文献[106]研究了一类相对阶为 1 的输出反馈标准型非线性多智能体系统的分布式优化问题,通过设计内模实现了对外部干扰的抑制。文献[107]针对输入受限的二阶积分器型多智能体系统,设计了一种新型的有界控制算法,实现了最优一致性。文献[108]研究了有界速度和加速度前提下的积分器型多智能体系统,设计了分布式算法,并保证了其最优一致性。相关研究还可以参考文献[109,110]。

总的来说,尽管对高阶多智能体系统分布式优化/最优一致性的研究已经得到了许多有意义的结论，但现有成果仍不是很丰富。通过对研究方法和结论进行分析和比较发现，已有成果大都采用紧耦合的一体化设计方法，即同时考虑最优化设计和动态补偿问题。由于这种思路需要同时处理来自协同任务和系统动力学两方面的不同复杂特性，难度较大，不适合推广到更加一般化的复杂多智能体协同控制问题的分析与设计中，导致已有理论成果大都围绕少数几类动力学精确可知的低阶多智能体系统展开，对许多常见的具有重要物理意义的高阶非线性系统和实际应用中可能出现的典型不确定性因素的讨论比较少，相应最优一致性问题的可解性及设计理论仍不够完善，有待进一步深入研究和发展。

同时，受多智能体系统动力学复杂特性的影响，现有非积分器形式时的多智能体最优一致性研究大都考虑无约束的光滑优化问题，并且假定多智能体系统之间的通信拓扑是固定的。而实际工程问题中遇到的性能指标往往是非光滑的，且可能包含不同类型的约束条件，同时多智能体系统之间的通信关系也可能是时变的甚至带有不确定性等。因此，有必要针对更加一般的多智能体系统和最优一致性任务，研究并设计相应的分布式算法。

本书在这一方向上进行了尝试，我们在对系统抽象化理论进行深入研究的基础[111]上，提出了一种基于抽象化的分层设计方案。该方案突破了现有最优一致性研究中紧耦合一体化设计的技术瓶颈，能够有效地将不同种类的复杂性解耦处理，取得了一些令人振奋的成果。本书的主要目的就是结合这方面的最新研究进展，系统阐述这种设计理念的基本架构和设计流程，并针对几类典型不确定高阶多智能体系统，详细展示基于该分层设计方案构造其最优协同算法的具体过程，推动相关理论分析和实际应用研究工作的深入开展。

本章小结

本章简单介绍了智能体的基本含义，并归纳梳理了多智能体协同控制，特别是一致性和最优一致性问题的研究现状，指出了相关研究中的不足之处，为后续章节内容的详细展开奠定了基础。

第2章

最优一致性及其分层设计方案

上文提到现有高阶多智能体最优一致性研究中缺乏系统性的求解方法。本章将首先给出最优一致性问题的一般性描述，然后提出一种基于抽象化的分层设计方案，该方案能将原问题转换为几个相对简单的子问题来解决，能够为复杂多智能体系统的协同控制提供新的研究视角。

2.1 最优一致性问题的一般性描述

考虑由 N 个智能体组成的不确定多智能体系统，其中每个智能体的动力学方程可描述如下：

$$\begin{aligned} z_i^+ &= h_i(z_i, x_i, \mu_i) \\ x_i^+ &= f_i(z_i, x_i, u_i, \mu_i) \\ y_{id} &= g_{id}(z_i, x_i, u_i, \mu_i) \end{aligned} \tag{2.1}$$

这里的 $x_i \in \mathbb{R}^{n_{ix}}$，$u_i \in \mathbb{R}^{n_{iu}}$，$y_{id} \in \mathbb{R}^{n_d}$ 分别表示智能体的内部状态、控制输入和调节输出。符号$(\cdot)^+$的具体含义取决于智能体动力学模型的时间域，当上述模型为连续时间系统时，它代表微分算符，即 $x_i^+(t) = \dfrac{\mathrm{d}x_i}{\mathrm{d}t}(t)$；对离散时间域，它则表示移位算符，即$(x_i^+)(k) = x(k+1)$。

在智能体的动力学模型〔式(2.1)〕中，向量 $\mu_i \in \mathbb{R}^{n_{i\mu}}$ 表示建模过程产生的未知参数或者实际存在的参数扰动，按照文献[43]的提法，我们称之为静态不确定性。相应地，我们称向量 $z_i \in \mathbb{R}^{n_{iz}}$ 及其对应的动力学部分为系统的动态不确定性，主要用来描述实际智能体动力学中的时变不确定性，如未建模动态等。因此，μ_i 和 z_i 都是未知的，无法在反馈设计中直接使用。此外，我们假设函数 f_i 和 g_{id} 是已知的，函数 h_i 是否已知取决于具体问题的设定。如无特殊说明，下文总假设涉及的函数都是充分光滑的。

假定智能体 i 对应一个目标函数 $c_i:\mathbb{R}^{n_d}\to\mathbb{R}^{n_c}$，且各智能体之间可借助通信网络进行信息交换。记 $\mathcal{N}=\{1,\cdots,N\}$，并使用代数图 $\mathcal{G}=(\mathcal{N},\mathcal{E},\mathcal{A})$ 来描述它们之间的网络连通关系，其中 $\mathcal{E}\subset\mathcal{N}\times\mathcal{N}$ 是图的有向边集，$\mathcal{A}=[a_{ij}]\in\mathbb{R}^{N\times N}$ 是对应的非负加权邻接矩阵。这里的 $a_{ij}>0$ 表示图 $\mathcal{G}$ 中有一条从节点 j 指向节点 i 的加权有向边，意味着智能体 j 可将封装的信息发送至智能体 i（或智能体 i 能接收到智能体 j 发出的信息）。称节点集合 $\mathcal{N}_i=\{j\in\mathcal{N}\mid a_{ij}>0\}$ 为智能体 i 的邻居集，并记作 $\mathcal{N}_i^o=\mathcal{N}\cup\{i\}$，该集合代表了智能体 i 获取全局优化问题信息的所有信息源头。

基于动力学模型〔式(2.1)〕和通信网络的拓扑图 $\mathcal{G}$，考虑如下形式的控制器：

$$\begin{aligned} u_i &= \Xi_{i1}(\xi_j, y_{jm}, \mathcal{O}(c_i), j\in\mathcal{N}_i^o) \\ \dot{\xi}_i &= \Xi_{i2}(\xi_j, y_{jm}, \mathcal{O}(c_i), j\in\mathcal{N}_i^o) \end{aligned} \tag{2.2}$$

其中 $y_{im}=g_i(z_i,x_i,u_i,\mu)$ 代表智能体 i 的局部量测输出，$\xi_i\in\mathcal{R}^{n_{i\xi}}$ 表示智能体 i 处动态补偿器的内部状态，$\mathcal{O}(c_i)$ 是智能体 i 能获得的关于目标函数 c_i 的信息模型。假定目标函数 c_i 是智能体 i 的隐私信息，不允许被直接用来与其他智能体进行共享，只能通过 $\mathcal{O}(c_i)$ 传递它的间接信息。至于局部量测输出 y_{im} 和目标函数信息模型 $\mathcal{O}(\cdot)$ 的详细定义，取决于问题的具体设定，这在一定程度上决定了该问题的求解难度。由于每个智能体的控制器仅利用了它的局部信息（智能体自身的量测输出和来自邻居的共享信息），所以我们称这种控制器是分布式的。

我们的设计目标是对给定的多智能体系统〔如式(2.1)所示〕、目标函数 c_i 和图 $\mathcal{G}$，确定合适的正整数 $n_{i\xi}$，并选择恰当的函数 Ξ_{i1} 和 Ξ_{i2}，使得由该多智能体系统和分布式控制器〔式(2.2)〕组成的闭环系统满足如下条件。

① **轨线良定义**：从任意给定的初始值出发，系统轨线 x_i 和 ξ_i 沿时间方向是定义良好的，且可延拓至整个正半轴。

② **输出一致性**：多智能体系统的输出最终满足一致性条件，即对任意 $i,j\in\mathcal{N}$，各智能体的决策输出满足 $\lim\limits_{t\to\infty}\|y_{id}(t)-y_{jd}(t)\|=0$。

③ **输出最优性**：各智能体的决策输出最终收敛到如下优化问题的最优解：

$$\min_{y\in\mathbb{R}^{n_d}} c(y) \triangleq \sum_{i=1}^{N} c_i(y) \tag{2.3}$$

此时，我们称多智能体系统〔如式(2.1)所示〕在分布式控制器〔式(2.2)〕的驱动下实现了优化问题〔式(2.3)〕决定的(输出)**最优一致性**。

函数 c_i 和 c 的决策变量维数相同，下文称 c_i 为智能体 i 的局部目标函数，称 c 为整个多智能体系统的全局目标函数。由于目标函数的隐私性，每个智能体仅能获取全局目标函数的部分信息；与此同时，局部目标函数的最优解与全局最优解未必相同。这要求各智能体必须相互合作才能找到全局目标函数的最优解。这里指的合作是通过交换各自的信息实现的。换句话说，所谓的最优一致性问题，本质上就是各智能体利用局部信息与邻居一道合作式地实现全局目标函数的最优化。

实际上，式(2.3)所示的全局优化问题可以等价地写成如下扩展形式：

$$\begin{aligned}&\min_{y\in\mathbb{R}^{n_d}} \hat{c}(y_1,\cdots,y_N) \triangleq \sum_{i=1}^{N} c_i(y_i)\\&\text{s. t.}\quad y_1=\cdots=y_N\end{aligned}\tag{2.4}$$

其中 $y_1,\cdots,y_N$ 是引入的辅助决策变量，可认为是各智能体对全局目标函数最优解的局部估计。上述扩展形式的优化问题包含一些显式约束，它们要求各局部决策变量必须满足一致性要求，这也是称上述多智能体系统协同问题为最优一致性的原因。

第 1 章已经提到了不少多智能体分布式优化或者最优一致性的研究成果。相比之下，本书所讨论的最优一致性问题，其最显著的特征是将局部目标函数的决策过程纳入到问题范畴中，即智能体的控制输入到调节输出(决策变量)是通过一个动力系统来描述的，而且控制输入的具体形式也可以是动态的，而不是简单的代数或函数关系。因此，多智能体系统的任务环境本质上是动态且非线性的，这比已有的仅从数学规划和计算角度讨论分布式优化问题的技术难度高不少。

具体来说，求解该问题至少面临如下几方面的复杂性[111]所带来的困难。

① **动力学复杂性**，包括智能体动力学模型的建立和评价，系统模型的参数不确定性和未建模动态，系统模型的非线性、混杂性甚至混沌特性等。

② **互联复杂性**，包括智能体之间信息交互的多样性(如非线性、时变切换、多重通信网等)以及因此产生的多智能体系统整体特性的演变甚至涌现等。

③ **控制任务复杂性**，主要是指优化问题的复杂性(非光滑目标函数、零阶/一阶信息、约束条件等)、系统动力学所面临的环境约束以及对控制精度、鲁棒性、实时性和安全性等的要求等。

单独处理某一方面的复杂性绝非易事，何况现在我们所面临的是多种不同复杂性下的最优一致性问题。尤其对某些特殊情况，不少复杂特性是紧密耦合在一起的，这无疑会进一步增加问题的求解难度。

现有文献中应对这类问题的一种直观的思路是尺度分离，即假定系统的动力学和控制任务不在同一时间尺度，然后使用奇异摄动等技术，将该问题转化成一个纯的分布式优化或分布式调节问题。但是这种思路明显破坏了原问题的结构，工作效率很低，并且未必能保证原问题的可解性。另一种思路是第 1 章提到过的紧耦合一体化设计方法，即并行地考虑来自不同方面的复杂性，争取设计一步到位的控制算法。对于简单的多智能体系统，这不失为一种很好的选择，但很难将其推广到复杂多智能体系统的最优一致性问题求解中。

众所周知，分层是简化系统复杂度和降低设计难度的代表性方法，控制领域中大系统理论的递阶控制和近年来被广泛关注的信息-物理融合系统等都是分层方法的直接体现或应用[7,112-114]。考虑多智能体最优一致性问题的根本难点在于多种复杂特性的相互耦合，若能够找到合理的分层方法和层次结构，将这些不同类型或来源的复杂特性解耦，那么基于此进行的分层设计，与现有研究中采用的紧耦合一体化设计方法相比，就可能有效地降低多智能体最优协同算法的设计难度，为复杂多智能体系统的协同控制提供新的研究视角。

2.2　基于抽象化的分层设计方案

最近十年，为处理复杂非线性系统的分析与设计问题，我们提出了一种基于任务的系统抽象化方法，并建立了基于此的分层设计框架。在将该方法推广到多智能体系统协同控制的过程中，我们根据抽象化在分布式设计中出现的层次，提出了两种不同的设计思路，即分布式接口和分布式抽象化方法。实践证明，基于抽象化的分层设计方案无论在处理单个被控制对象还是多智能体系统方面都具有很大的灵活性和潜力[111]。

文献[115]首次尝试利用基于分布式抽象化的分层设计方案求解高阶多智能体系统的最优一致性问题，并将其命名为嵌入式设计方案，文献[116]结合最新文献从轨线生成的角度阐述了其基本思路，并简要列举了其设计流程。下面将进一步明确这种分层设计方案的基本架构和设计流程，具体的设计细节将在后续几章陆续展开。

基于抽象化的分层设计方案基本架构如图 2-1 所示。

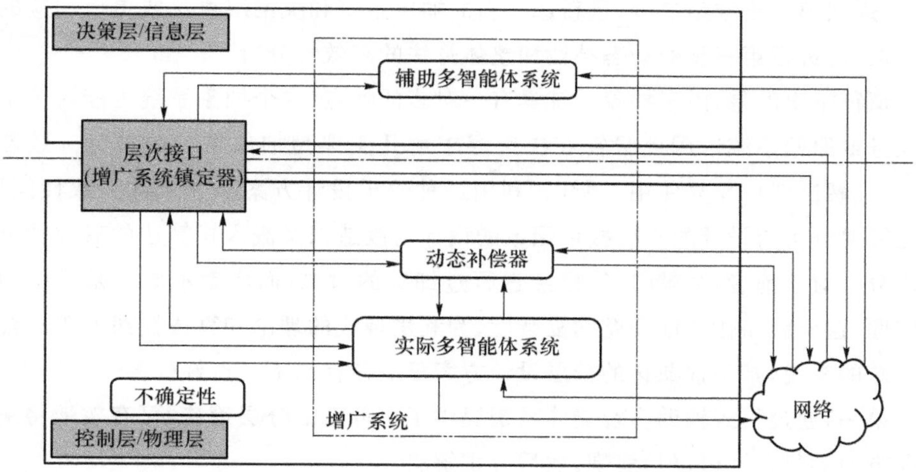

图 2-1 基于抽象化的分层设计方案基本架构

如图 2-1 所示,我们引入被称为抽象系统的辅助多智能体系统,将实际多智能体系统的最优一致性问题转化为辅助多智能体系统的最优一致性和实际多智能体与辅助多智能体组成的增广系统的镇定问题,这样就形成了一个天然的分层结构。其中上层是决策层/信息层,专门用来处理最优一致性目标,下层则是控制层/物理层,利用上层信号综合或设计实际智能体的控制器,同时还要选择合适的动态补偿器来应对智能体面临的各种不确定性。

具体来说,面对给定的高阶多智能体系统最优一致性问题,我们执行如下三个步骤。

第一步:系统抽象化与分层。根据最优一致性任务,构造实际智能体动力学模型的抽象系统,将其作为决策层辅助多智能体系统,将实际多智能体系统作为控制层,并构造两层之间的接口函数。

第二步:决策层最优一致性算法设计。针对选择的辅助多智能体系统,设计合理的决策层算法,以实现期望目标函数对应的最优一致性目标。

第三步:控制层嵌套和有效性分析。将设计好的决策层控制器嵌入到接口函数中,必要时需根据实际系统面临的不确定性,加入动态补偿器来改造相应的接口函数,最终得到一种实际多智能体系统的备择分布式算法,再进行有效性分析。若不可行,返回第一步。

相比于前面提到的诸多设计方法,采用上述分层设计只需程序性地完成前两步,然后在第三步验证所得备择分布式算法的有效性;若无法保证该算法的有效性，可返回第一步或第二步，重新选择新的抽象系统和决策层算法或更换相应的接口函数，再进行第三步的动态补偿和整体算法的有效性分析。

值得指出的是，由于抽象系统具有一对多的特点(一个抽象系统可能对应不同的任务或原始系统)，因此只需在决策层求解几类典型抽象系统的最优一致性问题，一经解决即可反复使用。所以，利用这种分层设计方案求解最优一致性问题，真正需要分析与设计的只有接口函数的设计与改造以及嵌入式算法的有效性分析两部分。对于前者，文献[111]已经进行过细致的讨论，而后者本质上是系统稳定性问题，这样就简化了原问题的复杂度，为利用现成的理论和算法找到了切入点。

总的来说，基于抽象化的分层设计方案至少包括以下三点好处。

第一，通过引入辅助多智能体系统提供了一种新的分层策略，可有效地将来自不同方面的复杂性(近似)解耦，然后分别解决。

第二，分层建立了一种信息-物理融合系统架构，上层(决策层)和下层(控制层)的信息可以有效分离，增强了相关数据的安全性和隐私性。

第三，算法的设计方式是模块化的，方便在此基础上迭代设计，用以解决其他多智能体系统的协同控制，有效地提高了算法的复用性。

接下来，进一步分析上述设计方法中的信号流方向。不难发现，决策层的辅助多智能体系统本质上是控制层实际智能体系统的参考轨线生成器，层次之间的接口函数则是控制层相对于决策层的轨线跟踪控制器。由此，可将图 2-1 进一步化简，得到图 2-2 所示的两种基本结构。

对于串联型结构〔如图 2-2(a)所示〕，其动力学复杂性和任务复杂性基本上是解耦的，决策层的算法(或轨线生成器)可以独立工作。因此，其设计和分析难度较低，适用于目标函数的解析表达式已知的情况。对于互联型结构〔如图 2-2(b)所示〕，此时上下层系统的耦合更为紧密，除保证理想情况下各模块能正常工作外，还要讨论复合系统的稳定性，因此其设计和分析难度较高。

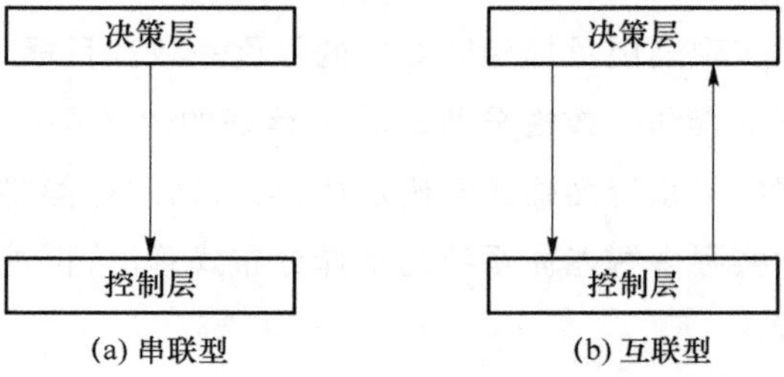

图 2-2 两种基本结构

从技术层面来说，在讨论闭环系统的稳定性时，串联型结构往往只需要构造简单的复合 Lyapunov 函数即可，互联型结构则还需要满足某种意义下的小增益条件。这部分内容将在后续章节详细展开说明。

本章小结

本章首先给出了不确定高阶多智能体系统最优一致性问题的一般性描述，随后提出了一种基于抽象化的分层设计方案，并详细阐述了其设计步骤和特点，为应用该方法解决具体多智能体系统的最优一致性问题指明了方向。

第3章

串联积分器型多智能体的最优一致性

第2章介绍了本书的主要问题和核心设计理念，接下来几章将详细讨论几类典型高阶多智能体系统的最优一致性问题。其中，本章主要关注串联积分器型多智能体系统，是针对不确定高阶多智能体系统进行深入讨论的起点。

3.1 问题描述

考虑一类基本的高阶多智能体系统，它由 N 个串联积分器组成：

$$\dot{y}_i^{(n)} = u_i \tag{3.1}$$

其中 $y_i \in \mathbb{R}^q$ 和 $u_i \in \mathbb{R}^q$ 分别是智能体 i 的调节输出和控制输入，n 为串联积分器的阶数。如无特别说明，总假定 $q=1$。至于高维的情况，可采用 Kronecker 积等方法得到与一维情况类似的结论。假定每个智能体的局部目标函数是 c_i，并用图 $\mathcal{G}=\{\mathcal{N},\mathcal{E},\mathcal{A}\}$ 描述它们之间的通信拓扑。考虑该多智能体系统的最优一致性问题，有以下基本假设。

假设 3.1 图 $\mathcal{G}$ 是无向且连通的。

假设 3.2 函数 c_i 是充分光滑的，且存在两个常数 $\underline{l}$ 和 $\bar{l}$ 使得 $\underline{l} \leqslant \nabla c_i(s) \leqslant \bar{l}$ 对任意 $s \in \mathbb{R}$ 均成立。

注记 3.1 上述假设是多智能体系统协同控制研究中的常见假设。其中假设 3.1 保证智能体之间的交互是通畅的，即每个智能体总能通过直接或间接的方式与其他任一智能体进行信息交换。假设 3.2 意味着局部目标函数是强凸且强光滑的，这保证了全局最优解的存在性和唯一性（不妨记该最优解为 $y^* \in \mathbb{R}$）。当然，做这些假设仅仅是为了简化一些烦琐的设计细节，并非必要的，下面将会给出一些更弱的条件。

当 $n=1$ 时，上述问题其实就是经典的分布式优化/最优一致性问题，现有文献中已经有很多不同的求解算法。当 $n\geqslant 2$ 时，一种朴素的想法是直接使用已有的一阶积分器算法求解相应的最优一致性问题，并观察是否可行。前面已经指出，即使对一些性质较好的高阶多智能体系统都未必能保证这种做法的有效性，更何况对串联积分器这种开环不稳定的系统。

当然，多智能体系统〔如式(3.1)所示〕仍是相对简单的高阶系统，可以直接构造性地给出其最优一致性算法，如文献[109]中的做法。但这种紧耦合一体化设计方法对参数的选择有一定的限制，灵活性较差，不适合推广到具有复杂动态和不确定性等特点的多智能体系统。下面将按照第 2 章的思路，采用分层设计方案求解该问题，并构造性地给出基于此的分布式算法，以实现期望的最优一致性。

3.2 分层结构与决策层设计

按照文献[111]提出的基于任务的系统抽象化方法，对于最优一致性问题来说，可以直接建立一组一阶积分器型的多智能体系统作为其抽象化系统，然后采用分布式抽象化的架构设计相应的控制算法。本节主要讨论决策层的设计问题，即分布式抽象系统的最优一致性算法。

具体来说，考虑如下形式的辅助多智能体系统：

$$\dot{x}_i=v_i \tag{3.2}$$

其中 $x_i\in\mathbb{R}$ 和 $v_i\in\mathbb{R}$ 分别是抽象智能体 i 的调节输出和控制输入。按照第 2 章的设计思路，只需考虑辅助多智能体系统的最优一致性、层次之间接口函数的构造和嵌入式算法的有效性。

本节暂时假定局部目标函数的解析式是已知的，下一节将考虑一种更加实际的情况。正如在第 1 章梳理相关文献时指出的，求解决策层最优一致性的算法很多。下面将以连续时间的原始-对偶算法为例，考查如下形式的最优一致性算法：

$$\begin{aligned}\dot{x}_i &= -\sum_{j=1}^{N}a_{ij}(\lambda_i-\lambda_j)-\nabla c_i(x_i)\\ \dot{\lambda}_i &= \sum_{j=1}^{N}a_{ij}(x_i-x_j)\end{aligned} \tag{3.3}$$

其中 $\lambda_i \in \mathbb{R}$ 是辅助智能体 i 需维护的对偶变量，$\nabla c_i(x_i)$ 是局部目标函数 c_i 在点 x_i 处的梯度向量。

针对式(3.3)所示的算法，容易得到以下结论。

定理 3.1 若假设 3.1 和假设 3.2 成立，则式(3.3)所示的算法可保证多智能体系统〔式(3.2)〕最优一致性问题的可解性。换句话说，对任意初始值 $x_i(0) \in \mathbb{R}$ 和 $\lambda_i(0) \in \mathbb{R}$，式(3.3)所示的系统的状态轨线定义良好，且满足 $\lim\limits_{t \to \infty} x_i(t) = y^*$，其中 y^* 是式(2.3)所示的全局优化问题的最优解。

证明：定理 3.1 的证明不难。以下从系统稳定性分析的角度给出简单证明。

首先，将式(3.3)所示的算法写成如下紧凑形式：

$$\begin{aligned} \dot{\boldsymbol{x}} &= -L\boldsymbol{\lambda} - \nabla \hat{c}(\boldsymbol{x}) \\ \dot{\boldsymbol{\lambda}} &= L\boldsymbol{x} \end{aligned} \tag{3.4}$$

其中 $\boldsymbol{x} = \mathrm{col}(x_1, \cdots, x_N)$，$\boldsymbol{\lambda} = (\lambda_1, \cdots, \lambda_N)$，$\hat{c}(\boldsymbol{x}) \triangleq \sum\limits_{i=1}^{N} c_i(x_i)$。显然，在假设 3.2 下，该系统的右端项都是全局 Lipschitz 的，故其解满足存在唯一性定理，并可将它的任意一条轨线延拓至整个正半轴，即$[0, \infty)$。

其次，考查上述系统平衡点的性质。令右端项为零，并假定 $\boldsymbol{x}^*$ 和 $\boldsymbol{\lambda}^*$ 是满足如下方程组的一组常向量：

$$\begin{cases} L\boldsymbol{\lambda}^* + \nabla \hat{c}(\boldsymbol{x}^*) = \boldsymbol{0} \\ L\boldsymbol{x}^* = \boldsymbol{0} \end{cases}$$

根据假设 3.1 和对应 Laplacian 矩阵的性质可知，存在某常数 $y_0^* \in \mathbb{R}$ 使得 $\boldsymbol{x}^* = \boldsymbol{1}_N y_0^*$ 成立。我们将该表达式代入上述方程组中的第一式，并左乘全 1 向量 $\boldsymbol{1}_N^{\mathrm{T}}$ 得到如下等式：

$$\nabla \hat{c}(\boldsymbol{1}_N y_0^*) = \sum_{i=1}^{N} c(y_0^*) = c(y_0^*) = \boldsymbol{0}$$

与此同时，由于假设 3.2 保证了全局目标函数的强凸性，故全局最优解是唯一的。这意味着 $y^* = y_0^*$，即 $\boldsymbol{x}^* = \boldsymbol{1}_N y^*$。这样，针对最优一致性的讨论转化成上述系统的稳定性问题。换句话说，为证明最优一致性，只需证明式(3.3)和式(3.4)所示的算法作为一个无驱动的自治系统，其轨线能收敛到相应的平衡点即可。

为此，引入形如 $\bar{\boldsymbol{x}} = \boldsymbol{x} - \boldsymbol{x}^*$，$\bar{\boldsymbol{\lambda}} = \boldsymbol{\lambda} - \boldsymbol{\lambda}^*$ 的坐标变换。在新坐标系下，式(3.4)所示的系统可写成如下误差形式：

$$\dot{\bar{\boldsymbol{x}}} = -L\bar{\boldsymbol{\lambda}} - \prod(\bar{\boldsymbol{x}}, \boldsymbol{x}^*)$$

$$\dot{\bar{\boldsymbol{\lambda}}}=L\bar{\boldsymbol{x}}$$

其中 $\prod(\bar{\boldsymbol{x}},\boldsymbol{x}^*)\triangleq\nabla\hat{c}(\boldsymbol{x})-\nabla\hat{c}(\boldsymbol{x}^*)=\nabla\hat{c}(\bar{\boldsymbol{x}}+\boldsymbol{x}^*)-\nabla\hat{c}(\boldsymbol{x}^*)$。

针对该误差系统，取一个二次型形式的函数：

$$V(\bar{\boldsymbol{x}},\bar{\boldsymbol{\lambda}})=\frac{1}{2}\bar{\boldsymbol{x}}^{\mathrm{T}}\bar{\boldsymbol{x}}+\frac{1}{2}\bar{\boldsymbol{\lambda}}^{\mathrm{T}}\bar{\boldsymbol{\lambda}}$$

该函数关于自变量 $\mathrm{col}(\bar{\boldsymbol{x}},\bar{\boldsymbol{\lambda}})$ 显然是正定的，也是径向无界的。进一步考查它作为时间的函数 $V(t)\triangleq V(\bar{\boldsymbol{x}}(t),\bar{\boldsymbol{\lambda}}(t))$ 沿着误差系统状态轨线的 Lie 导数可得：

$$\begin{aligned}\dot{V}&\triangleq\frac{\partial V}{\partial\bar{\boldsymbol{x}}}\dot{\bar{\boldsymbol{x}}}+\frac{\partial V}{\partial\bar{\boldsymbol{\lambda}}}\dot{\bar{\boldsymbol{\lambda}}}=\bar{\boldsymbol{x}}^{\mathrm{T}}\dot{\bar{\boldsymbol{x}}}+\bar{\lambda}^{\mathrm{T}}\dot{\bar{\boldsymbol{\lambda}}}\\&=\bar{\boldsymbol{x}}^{\mathrm{T}}[-L\bar{\boldsymbol{\lambda}}-\Pi(\bar{\boldsymbol{x}},\boldsymbol{x}^*)]+\bar{\boldsymbol{\lambda}}^{\mathrm{T}}L\bar{\boldsymbol{x}}\\&=-\bar{\boldsymbol{x}}^{\mathrm{T}}\prod(\bar{\boldsymbol{x}},\boldsymbol{x}^*)\end{aligned}$$

此处用无向图 Laplacian 矩阵的对称性抵消了交叉项。根据相关符号的定义，上式中的最后一项满足

$$\bar{\boldsymbol{x}}^{\mathrm{T}}\prod(\bar{\boldsymbol{x}},\boldsymbol{x}^*)=\bar{\boldsymbol{x}}^{\mathrm{T}}[\nabla\hat{c}(\bar{\boldsymbol{x}})-\nabla\hat{c}(\boldsymbol{x}^*)]=\sum_{i=1}^{N}(x_i-x^*)[\nabla c_i(x_i)-\nabla c_i(x^*)]$$

对上式中的梯度项使用微分中值定理，一定可以找到一些介于 x_i 和 x^* 之间的常数 $x_i^*\in\mathbb{R}$，使得下式成立：

$$\bar{\boldsymbol{x}}^{\mathrm{T}}\prod(\bar{\boldsymbol{x}},\boldsymbol{x}^*)=\sum_{i=1}^{N}\nabla^2c_i(x_i^*)(x_i-x^*)^2$$

根据假设 3.2，$\bar{\boldsymbol{x}}^{\mathrm{T}}\prod(\bar{\boldsymbol{x}},\boldsymbol{x}^*)\geqslant\bar{l}\,\bar{\boldsymbol{x}}^{\mathrm{T}}\bar{x}$ 成立。进一步结合 V 的 Lie 导数可知：

$$\dot{V}\leqslant-\bar{l}\,\bar{\boldsymbol{x}}^{\mathrm{T}}\bar{\boldsymbol{x}}\tag{3.5}$$

鉴于 V 的正定性和其导数的非负性，可知作为时间的函数，$V(t)$ 关于时间 t 是一致有界的。因此，误差系统和原系统〔式(3.4)〕的状态轨线也是一致有界的。回到式(3.4)所示系统的第一行可知，$\dot{\boldsymbol{x}}(t)$ 关于时间 t 也是一致有界的。至此，对式(3.5)两端同时关于时间 t 积分可知：

$$\bar{l}\int_0^{\infty}\bar{\boldsymbol{x}}(s)^{\mathrm{T}}\bar{\boldsymbol{x}}(s)\mathrm{d}s\leqslant V(0)-V(\infty)\leqslant V(0)$$

根据 Barbalat 引理（文献[117]中的引理 8.2），容易得到 $\lim\limits_{t\to\infty}\|\bar{\boldsymbol{x}}(t)\|=\mathbf{0}$。根据 $\bar{\boldsymbol{x}}$ 的定义，结论自然成立。证毕。

注记 3.2 定理 3.1 的证明有很多种方法。这里直接使用 Barbalat 引理给出了一个较为基础的证明。具体来说，首先将式(3.3)所示的算法考虑为一个无驱动

自治系统的平衡点问题，然后将最优一致性问题转化成该系统平衡点的吸引性问题。需要指出，式(3.3)和式(3.4)所示的系统以及相关误差系统的平衡点都不是唯一的，因此不能直接使用基于 Lyapunov 函数或者 LaSalle 不变原理的方法进行分析与论证。

不过上述证明方法只能得到式(3.3)所示算法的收敛性，并未讨论其收敛速度。实际上，可以证明该算法是指数收敛的。

定理 3.2 若假设 3.1 和假设 3.2 成立，则从任意初始值 $x_i(0)\in\mathbb{R}$ 和 $\lambda_i(0)\in\mathbb{R}$ 出发，沿式(3.3)所示算法的状态轨线，所有 $x_i(t)$ 均指数收敛到全局目标函数 $c(x)$ 的最优解。

如上所述，要证明定理 3.2 不能直接对原系统应用 Lyapunov 稳定性定理。为此，文献[118]提出了一种基于半稳定性概念的证明方法，感兴趣的读者可以自行查看相关文献。下面首先证明如下引理，然后给出另一种证明思路。

引理 3.1 考虑如下形式的动态系统：

$$\begin{aligned}\dot{x}&=-\phi(\boldsymbol{x})-\boldsymbol{S}\boldsymbol{z}\\ \dot{z}&=\boldsymbol{S}^{\mathrm{T}}\boldsymbol{x}+\boldsymbol{T}\boldsymbol{z}\end{aligned}\tag{3.6}$$

其中 $\boldsymbol{x}\in\mathbb{R}^n,\boldsymbol{z}\in\mathbb{R}^l$，光滑函数 $\phi:\mathbb{R}^n\to\mathbb{R}^n$ 满足条件 $\phi(\boldsymbol{0}_n)=\boldsymbol{0}_n$。假定矩阵对$(\boldsymbol{S},\boldsymbol{T})$是能观的且满足 $\boldsymbol{T}+\boldsymbol{T}^{\mathrm{T}}\leqslant\boldsymbol{0}$。若对任意非零 $\boldsymbol{x}$ 都满足 $\boldsymbol{x}^{\mathrm{T}}\phi(\boldsymbol{x})>\boldsymbol{0}$，则式(3.6)所示的系统在原点处是全局渐近稳定的。若还存在正常数 $\bar{l}$ 和 $\underline{l}$ 使得函数 ϕ 关于其自变量是 $\bar{l}$-Lipschitz 的并且满足 $\boldsymbol{x}^{\mathrm{T}}\phi(\boldsymbol{x})\geqslant\underline{l}\,\boldsymbol{x}^{\mathrm{T}}\boldsymbol{x}$，则式(3.6)所示的系统在原点处还是全局指数稳定的。

证明：首先证明渐近稳定部分。取二次型函数 $V(\boldsymbol{x},\boldsymbol{z})=\boldsymbol{x}^{\mathrm{T}}\boldsymbol{x}+\boldsymbol{z}^{\mathrm{T}}\boldsymbol{z}$。沿式(3.6)所示的系统的状态轨线对其求导可得：

$$\dot{V}=-2\boldsymbol{x}^{\mathrm{T}}\phi(\boldsymbol{x})+\boldsymbol{z}^{\mathrm{T}}(\boldsymbol{T}+\boldsymbol{T}^{\mathrm{T}})\boldsymbol{z}\leqslant-2\boldsymbol{x}^{\mathrm{T}}\phi(\boldsymbol{x})\leqslant\boldsymbol{0}$$

根据 LaSalle 不变原理，该系统的所有轨线都会收敛到集合 $E=\{(\boldsymbol{x},\boldsymbol{z})\mid\dot{V}=\boldsymbol{0}\}$ 的最大不变集中。而根据函数 ϕ 的性质和矩阵对$(\boldsymbol{S},\boldsymbol{T})$的能观性可知，除原点外，式(3.6)所示的系统的任一轨线都不可能始终包含在集合 E 中。因此，该系统在原点处是全局渐近稳定的。

其次证明指数稳定部分。根据假设条件，若函数 ϕ 是全局 Lipschitz 的，则它的 Jacobian 矩阵$\frac{\partial\phi}{\partial\boldsymbol{x}}$一定是全局有界的。由于 $\phi(\boldsymbol{0}_n)=\boldsymbol{0}_n$，利用 Taylor 展开式可得 $\phi(\boldsymbol{x})=\left[\int_0^1\frac{\partial\phi}{\partial\boldsymbol{x}}(\theta\boldsymbol{x})\mathrm{d}\theta\right]\boldsymbol{x}$。定义时变矩阵 $\boldsymbol{D}(t)=\int_0^1\frac{\partial\phi}{\partial\boldsymbol{x}}(\theta\boldsymbol{x})\mathrm{d}\theta$，显然，该矩阵也是一

致有界的。此时,可将原系统重写为如下形式:

$$\begin{aligned}\dot{x}&=-\boldsymbol{D}(t)\boldsymbol{x}-\boldsymbol{S}\boldsymbol{z}\\ \dot{z}&=\boldsymbol{S}^{\mathrm{T}}\boldsymbol{x}+\boldsymbol{T}\boldsymbol{z}\end{aligned}\tag{3.7}$$

若令 $\boldsymbol{A}=\begin{bmatrix}\boldsymbol{0} & -\boldsymbol{S}\\ \boldsymbol{S}^{\mathrm{T}} & \boldsymbol{T}\end{bmatrix}$,$\boldsymbol{C}=[\boldsymbol{I}_n\quad \boldsymbol{0}]$,$\bar{\boldsymbol{A}}(t)=\boldsymbol{A}-\boldsymbol{C}^{\mathrm{T}}\boldsymbol{D}(t)\boldsymbol{C}$。根据 $\boldsymbol{D}(t)$的一致有界性和 $(\boldsymbol{C},\boldsymbol{A})$的能观性,再将 $\boldsymbol{C}^{\mathrm{T}}\boldsymbol{D}(t)$看作输入注入矩阵可知,时变矩阵对$(\boldsymbol{C},\bar{\boldsymbol{A}}(t))$是一致完全能观的。因此,必然存在正常数 δ 和 k 使得系统的观测 Gramian 矩阵对任意时间 $t\geqslant 0$ 满足下式:

$$W(t,t+\delta)\triangleq\int_t^{t+\delta}\boldsymbol{\Phi}^{\mathrm{T}}(\tau,t)\boldsymbol{C}^{\mathrm{T}}\boldsymbol{C}\boldsymbol{\Phi}(\tau,t)\mathrm{d}\tau\geqslant k\boldsymbol{I}_{n+l}$$

其中 $\boldsymbol{\Phi}$ 代表式(3.7)所示线性时变系统的状态转移矩阵。注意此时函数 V 沿系统状态轨线的 Lie 导数满足:

$$\dot{V}\leqslant-2\,\underline{l}\,\boldsymbol{x}^{\mathrm{T}}\boldsymbol{x}$$

对该式两端从 t 到 $t+\delta$ 进行积分,再利用 W 满足的不等式可得到

$$\int_t^{t+\delta}\dot{V}(\tau)\mathrm{d}\tau\leqslant-\underline{l}k(\|x(t)\|^2+\|z(t)\|^2)=-2\underline{l}kV(t)$$

至此,直接利用文献[117]中的定理 8.5,即可得到原点的全局指数稳定性。证毕。

基于引理 3.1,现在给出式(3.3)所示算法的指数收敛性的详细证明。

证明:记 $\boldsymbol{r}_N=\frac{1}{\sqrt{N}}\boldsymbol{1}_N$,再令 $\boldsymbol{R}_N\in\mathbb{R}^{N\times(N-1)}$ 为满足 $\boldsymbol{R}_N^{\mathrm{T}}\boldsymbol{r}_N=\boldsymbol{0}_N$、$\boldsymbol{R}_N^{\mathrm{T}}\boldsymbol{R}_N=\boldsymbol{I}_{N-1}$ 和 $\boldsymbol{R}_N\boldsymbol{R}_N^{\mathrm{T}}=\boldsymbol{I}_N-\boldsymbol{r}_N\boldsymbol{r}_N^{\mathrm{T}}$ 的一个矩阵。$\boldsymbol{R}_N$ 的存在性可使用 Schmidt 正交化方法来保证。

由于误差系统的平衡点不唯一,引入两个新的变量 $\boldsymbol{\lambda}_1=\boldsymbol{r}_N^{\mathrm{T}}\bar{\boldsymbol{\lambda}}$ 和 $\boldsymbol{\lambda}_2=\boldsymbol{R}_N^{\mathrm{T}}\bar{\boldsymbol{\lambda}}$。由 $\boldsymbol{r}_N^{\mathrm{T}}\dot{\boldsymbol{\lambda}}=\boldsymbol{0}_m$ 可知$\boldsymbol{\lambda}_1(t)\equiv\boldsymbol{0}$,而其他变量满足:

$$\begin{aligned}\dot{\bar{\boldsymbol{x}}}&=-\Pi(\bar{\boldsymbol{x}},\boldsymbol{x}^*)-\boldsymbol{L}\boldsymbol{R}_N\boldsymbol{\lambda}_2\\ \dot{\boldsymbol{\lambda}}_2&=(\boldsymbol{R}_N^{\mathrm{T}}\boldsymbol{L}\otimes\boldsymbol{I}_m)\bar{\boldsymbol{x}}\end{aligned}\tag{3.8}$$

显然可验证 $\boldsymbol{R}_N^{\mathrm{T}}\boldsymbol{L}$ 是行满秩的,因此矩阵 $\boldsymbol{S}=\boldsymbol{L}\boldsymbol{R}_N$ 是列满秩的。注意上面的降阶误差系统恰好是引理 3.1 中讨论的形式。可以直接应用该引理得到原点的全局渐近稳定性,这部分就是定理 3.1 关于算法收敛性的结论。更重要的是,当假设 3.1 和假设 3.2 成立时,引理 3.1 第二部分的条件也成立,因此降阶误差系统在原点处是全局指数稳定的,这意味着 $x_i(t)$全局指数收敛到 y^*。证毕。

3.3 接口设计与可解性分析

在 3.2 节决策层算法的基础上，本节考虑高阶多智能体系统〔式(3.1)所示〕的最优一致性问题。按照第 2 章归纳的分层设计流程，只需考虑它和分布式抽象系统〔式(3.2)所示〕之间的层次接口函数及嵌入式算法的有效性即可。

按照文献[111,114]中的提法，层次接口本质上是保证实际智能体系统跟上抽象系统任意输出轨线的跟踪控制器。层次接口函数的具体构造方法很多，这里仅给出一种基于极点配置的接口函数。为此，选择常数 $k_0,\cdots,k_{n-1}$，使如下多项式是 Hurwitz 的：

$$p(s)=s^n+k_{n-1}s^{n-1}+\cdots+k_1s+k_0$$

据此可直接写出一种形如 $u_i=-k_0(y_i-x_i)-k_1\dot{y}_i-\cdots-k_{n-1}y_i^{(n-1)}$ 的接口函数。将决策层算法嵌入其中即可得到一种备择最优一致性算法：

$$\begin{aligned} u_i &=-k_0(y_i-x_i)-k_1\dot{y}_i-\cdots-k_{n-1}y_i^{(n-1)} \\ \dot{x}_i &=-\sum_{j=1}^{N}a_{ij}(\lambda_i-\lambda_j)-\nabla c_i(x_i) \\ \dot{\lambda}_i &=\sum_{j=1}^{N}a_{ij}(x_i-x_j) \end{aligned} \tag{3.9}$$

该算法显然是分布式的。

上述最优一致性算法的有效性可归纳如下。

定理 3.3 若假设 3.1 和假设 3.2 成立，则式(3.9)所示的算法可保证式(3.3)所示的多智能体系统最优一致性问题的可解性。换句话说，从式(3.3)和式(3.9)所示复合系统的任意初始值出发，其状态轨线定义良好，并且当 $t\to\infty$ 时，智能体的输出 $y_i(t)$ 指数收敛到最优解 y^* 处。

证明：令 $e_i=y_i-y^*$。显然，对任意 $k\geqslant1$，总有 $e_i^{(k)}=y_i^{(k)}$ 成立。由此得到误差满足的动力学方程为：

$$\dot{e}_i^{(n)}=u_i$$

将式(3.9)代入可得如下非齐次线性微分方程：

$$\dot{e}_i^{(n)}+k_{n-1}e_i^{(n-1)}+\cdots+k_1\dot{e}_i+k_0e_i=k_0(x_i-y^*)$$

根据 $k_0,\cdots,k_{n-1}$ 的选择，齐次部分的特征多项式是稳定的。另外，根据定理 3.1，非齐次项 $x_i(t)-y^*$ 最终指数收敛到 0。因此，直接求解上述微分方程，即可得到 $e_i(t)$

也是指数收敛到零的。证毕。

注记 3.3 定理 3.3 的证明也可以从级联系统的角度考虑，直接构造相应的 Lyapunov 函数或者引用文献[119]的定理 1 来完成。感兴趣的读者可自行练习。

第 2 章提出用 $\mathcal{O}(c_i)$ 表示智能体所能获得的局部目标函数 c_i 的所有信息。按照这一提法，定理 3.2 实际上假定 $\mathcal{O}(c_i)$ 必须包含该目标函数在任一点处的梯度值。显然，这一假设是比较苛刻的，几乎等于要求必须知道局部目标函数的解析表达式。因此，该假设只有在目标函数是人为设定的情况下才比较实用，比如电力系统的资源分配中常假定目标函数为二次型。但更多时候智能体所能获得的信息是非常有限的，通常只能获取目标函数的实时梯度信息，即目标函数在智能体现有位置处的梯度信息 $\nabla c_i(y_i)$。针对这类情况，一种直观的想法是直接用这一实时信息代替决策层的梯度项。不过，这种思路只在闭环系统明显存在不同时间尺度时才有效。一般而言，二者的偏差可能非常大，尤其是在初始时刻，很有可能导致整个闭环系统失稳。因此，仅基于实时梯度信息的最优一致性问题相比之下更具有挑战性和实际意义。

根据第 2 章的讨论，如果从宏观的角度分析，实时梯度信息其实对应了分层结构中从控制层到决策层的反馈通道。这导致定理 3.2 的级联结构被打破，形成一种互联结构。为此，必须分析两层之间的相互作用关系。下面就这种情况给出相应的设计方法，其主要思想是调节接口函数的参数大小，使得整个复合系统满足小增益条件。

为此，下面重点关注如下形式的一类高增益接口函数：

$$u_i = -\frac{1}{\varepsilon}[k_0(y_i - x_i) + \varepsilon k_1 \dot{y}_i - \cdots - \varepsilon^{n-1} k_{n-1} y_i^{(n-1)}] \tag{3.10}$$

其中 $k_1, \cdots, k_{n-1}$ 是已经选定的常参数，$\varepsilon > 0$ 是可调增益。

配合实时梯度驱动的决策层最优一致性算法，我们给出如下结论。

定理 3.4 若假设 3.1 和假设 3.2 成立，则存在正实数 ε^*，使得对任意 $\varepsilon \in (0, \varepsilon^*)$，下面的分布式算法可保证多智能体系统〔式(3.3)所示〕的最优一致性问题是可解的：

$$\begin{aligned} u_i &= -\frac{1}{\varepsilon^n}[k_0(y_i - x_i) + \varepsilon k_1 \dot{y}_i - \cdots - \varepsilon^{n-1} k_{n-1} y_i^{(n-1)}] \\ \dot{x}_i &= -\sum_{j=1}^{N} a_{ij}(\lambda_i - \lambda_j) - \nabla c_i(y_i) \\ \dot{\lambda}_i &= \sum_{j=1}^{N} a_{ij}(x_i - x_j) \end{aligned} \tag{3.11}$$

证明：从接口函数结构可知，这本质上是一种高增益方法。定理 3.4 的证明方法有很多，下面给出一种基于复合 Lyapunov 函数的方法，构造性地给出满足小增益条件的控制增益下界。

首先考虑控制层。定义$\hat{\boldsymbol{y}}_i=\text{col}(y_i-x_i,\varepsilon y_i,\cdots,\varepsilon^{n-1}y_i^{(n-1)})$，可得：

$$\dot{\hat{\boldsymbol{y}}}_i=\frac{1}{\varepsilon}\boldsymbol{A}\hat{\boldsymbol{y}}_i+\boldsymbol{b}\dot{x}_i$$

其中$\boldsymbol{A}\in\mathbb{R}^{n\times n}$和$\boldsymbol{b}\in\mathbb{R}^{n\times 1}$是定义如下的常矩阵：

$$\boldsymbol{A}=\begin{bmatrix}0 & \boldsymbol{I}_{n-1}\\ -k_0 & [-k_1\cdots-k_{n-1}]\end{bmatrix},\boldsymbol{b}=\text{col}(-1,\boldsymbol{0}_{n-1})$$

由参数的选择可知矩阵 $\boldsymbol{A}$ 是 Hurwitz 的，Lyapunov 方程 $\boldsymbol{A}^{\text{T}}\boldsymbol{P}+\boldsymbol{P}\boldsymbol{A}=-\boldsymbol{I}_n$ 存在唯一正定解$\boldsymbol{P}\in\mathbb{R}^{n\times n}$，那么该子系统关于输入 $\dot{x}_i$ 和状态$\hat{\boldsymbol{y}}_i$ 是输入-状态稳定的，并且可验证$\boldsymbol{V}_i=\hat{\boldsymbol{y}}_i^{\text{T}}\boldsymbol{P}\hat{\boldsymbol{y}}_i$ 是其输入-状态稳定 Lyapunov 函数。再令 $\hat{\boldsymbol{y}}=\text{col}(\hat{\boldsymbol{y}}_1,\cdots,\hat{\boldsymbol{y}}_N)$，并利用 $\dot{\boldsymbol{x}}=\dot{\bar{\boldsymbol{x}}}$，可将所有高阶多智能体的动力学方程等价地写成如下紧凑形式：

$$\dot{\hat{\boldsymbol{y}}}=\frac{1}{\varepsilon}(\boldsymbol{I}_N\otimes\boldsymbol{A})\hat{\boldsymbol{y}}+(\boldsymbol{I}_N\otimes\boldsymbol{b})\dot{\bar{\boldsymbol{x}}}$$

其次考虑决策层。按照定理 3.2 的证明思路，可将实时梯度的决策层算法等价写成两部分，即

$$\hat{\lambda}_1(t)\equiv 0$$

和

$$\dot{\bar{\boldsymbol{x}}}=-\prod(\bar{\boldsymbol{x}},\boldsymbol{x}^*)-\boldsymbol{L}\boldsymbol{R}_N\boldsymbol{\lambda}_2-\Xi(\boldsymbol{y},\boldsymbol{x})$$

$$\dot{\boldsymbol{\lambda}}_2=(\boldsymbol{R}_N^{\text{T}}\boldsymbol{L})\bar{\boldsymbol{x}}$$

其中 $\boldsymbol{y}=\text{col}(y_1,\cdots,y_N)$，$\Xi(\boldsymbol{y},\boldsymbol{x})\triangleq\nabla\hat{c}(\boldsymbol{y})-\nabla\hat{c}(\boldsymbol{x})$。利用假设 3.2，可验证 $\Xi(\boldsymbol{y},\boldsymbol{x})$ 关于 $\hat{\boldsymbol{y}}$ 是全局 Lipschitz 的，因此可找到两个正常数 v_1 和 v_2，使得下式成立：

$$\left\|-\prod(\bar{\boldsymbol{x}},\boldsymbol{x}^*)-\boldsymbol{L}\boldsymbol{R}_N\boldsymbol{\lambda}_2-\Xi(\boldsymbol{y},\boldsymbol{x})\right\|\leqslant v_1\|\hat{\boldsymbol{y}}\|+v_2\|\hat{\boldsymbol{x}}\|$$

现在只需要研究下述复合系统的稳定性问题即可：

$$\begin{aligned}\dot{\hat{\boldsymbol{y}}}&=\frac{1}{\varepsilon}(\boldsymbol{I}_N\otimes\boldsymbol{A})\hat{\boldsymbol{y}}+(\boldsymbol{I}_N\otimes\boldsymbol{b})\dot{\bar{\boldsymbol{x}}}\\ \dot{\bar{\boldsymbol{x}}}&=-\prod(\bar{\boldsymbol{x}},\boldsymbol{x}^*)-\boldsymbol{L}\boldsymbol{R}_N\hat{\boldsymbol{\lambda}}_2-\Xi(\boldsymbol{y},\boldsymbol{x})\\ \dot{\hat{\boldsymbol{\lambda}}}_2&=(\boldsymbol{R}_N^{\text{T}}\boldsymbol{L})\bar{\boldsymbol{x}}\end{aligned}\tag{3.12}$$

为此，我们尝试构造该复合系统的一个 Lyapunov 函数。记 $\hat{\boldsymbol{x}}=\mathrm{col}(\bar{\boldsymbol{x}},\hat{\boldsymbol{\lambda}}_2)$，按照定理 3.2 的证明过程，当 $\Xi(\boldsymbol{y},\boldsymbol{x})=0$ 时，$\hat{\boldsymbol{x}}$-子系统是指数稳定的。根据全局指数稳定的逆定理(文献[117]的定理 4.14)，存在一个连续可微的 Lyapunov 函数 $W(\hat{\boldsymbol{x}})$ 和常数 $l_1,\cdots,l_4>1$，满足下述不等式组：

$$\begin{cases} l_1\|\hat{\boldsymbol{x}}\|^2\leqslant W(\hat{\boldsymbol{x}})\leqslant l_2\|\hat{\boldsymbol{x}}\|^2 \\ \dfrac{\partial W}{\partial\bar{\boldsymbol{x}}}\left[-\prod(\bar{\boldsymbol{x}},\boldsymbol{x}^*)-\boldsymbol{L}\boldsymbol{R}_N\boldsymbol{\lambda}_2\right]+\dfrac{\partial W}{\partial\hat{\boldsymbol{\lambda}}_2}\left[(\boldsymbol{R}_N^{\mathrm{T}}\boldsymbol{L}\otimes\boldsymbol{I}_m)\bar{\boldsymbol{x}}\right]\leqslant-l_3\|\hat{\boldsymbol{x}}\|^2 \\ \left\|\dfrac{\partial W}{\partial\hat{\boldsymbol{x}}}\right\|\leqslant l_4\|\hat{\boldsymbol{x}}\| \end{cases} \tag{3.13}$$

取形如 $V(\hat{\boldsymbol{y}},\hat{\boldsymbol{x}})=\sum_{i=1}^{N}V_i(\hat{\boldsymbol{y}}_i)+W(\hat{\boldsymbol{x}})$ 的备择 Lyapunov 函数，显然该函数是正定的，并且是径向无界的。沿着式(3.12)所示复合系统的状态轨线求导可得：

$$\begin{aligned} \dot{V}&=2\,\hat{\boldsymbol{y}}^{\mathrm{T}}(\boldsymbol{I}_N\otimes\boldsymbol{P})\left[\frac{1}{\varepsilon}(\boldsymbol{I}_N\otimes\boldsymbol{A})\hat{\boldsymbol{y}}+(\boldsymbol{I}_N\times\boldsymbol{b})\dot{\bar{\boldsymbol{x}}}\right]+\frac{\partial W}{\partial\hat{\boldsymbol{x}}}\dot{\hat{\boldsymbol{x}}} \\ &\leqslant-\frac{1}{\varepsilon}\hat{\boldsymbol{y}}^{\mathrm{T}}\hat{\boldsymbol{y}}+2\,\hat{\boldsymbol{y}}^{\mathrm{T}}(\boldsymbol{I}_N\otimes\boldsymbol{P}\boldsymbol{b})\left[-\prod(\bar{\boldsymbol{x}},\boldsymbol{x}^*)-\boldsymbol{L}\boldsymbol{R}_N\boldsymbol{\lambda}_2-\Xi(\boldsymbol{y},\boldsymbol{x})\right]+ \\ &\quad\frac{\partial W}{\partial\bar{\boldsymbol{x}}}\left[-\prod(\bar{\boldsymbol{x}},\boldsymbol{x}^*)-\boldsymbol{L}\boldsymbol{R}_N\boldsymbol{\lambda}_2\right]+\frac{\partial W}{\partial\hat{\boldsymbol{\lambda}}_2}\left[(\boldsymbol{R}_N^{\mathrm{T}}\boldsymbol{L})\bar{\boldsymbol{x}}\right]+\frac{\partial W}{\partial\bar{\boldsymbol{x}}}\Xi(\boldsymbol{y},\boldsymbol{x}) \end{aligned}$$

通过反复利用交叉项的全局 Lipschitz 特性，进一步得到

$$\dot{V}\leqslant-\frac{1}{\varepsilon}\|\hat{\boldsymbol{y}}\|^2+2v_1\|\boldsymbol{P}\boldsymbol{b}\|\cdot\|\hat{\boldsymbol{y}}\|^2+2v_2\|\boldsymbol{P}\boldsymbol{b}\|\cdot\|\hat{\boldsymbol{y}}\|\cdot\|\hat{\boldsymbol{x}}\|-l_3\|\hat{\boldsymbol{x}}\|^2+l_4\bar{l}\|\hat{\boldsymbol{y}}\|\cdot\|\hat{\boldsymbol{x}}\|$$

再利用 Young 不等式，可得：

$$\dot{V}\leqslant-\left[\frac{1}{\varepsilon}-2v_1\|\boldsymbol{P}\boldsymbol{b}\|-\frac{4v_2^2\|\boldsymbol{P}\boldsymbol{b}\|^2}{l_3}-\frac{l_4^2\bar{l}^2}{l_3}\right]\|\hat{\boldsymbol{y}}\|^2-\frac{l_3}{2}\|\hat{\boldsymbol{x}}\|^2$$

至此，取任意常数 ε^* 满足下式

$$\frac{1}{\varepsilon^*}\geqslant2v_1\|\boldsymbol{P}\boldsymbol{b}\|+\frac{4v_2^2\|\boldsymbol{P}\boldsymbol{b}\|^2}{l_3}+\frac{l_4^2\bar{l}^2}{l_3}$$

相应地，可得到如下不等式

$$\dot{V}\leqslant-\left[\frac{1}{\varepsilon}-\frac{1}{\varepsilon^*}\right]\|\hat{\boldsymbol{y}}\|^2-\frac{l_3}{2}\|\hat{\boldsymbol{x}}\|^2$$

这意味着，只要 $0<\varepsilon<\varepsilon^*$，则式(3.12)所示的复合系统在其平衡点处的确是全局指数稳定的。因此，随着时间 t 的增长 $y_i(t)$ 会指数收敛到全局最优解 y^*。证毕。

注记 3.4 定理 3.4 的证明比较典型，并且可以很容易地推广到多智能体系统

的通信关系为有向图的情况下，部分内容在第 7 章会涉及。此外，可以采用文献[120]给出的基于奇异摄动的方法来证明该定理，证明步骤大同小异，感兴趣的读者可自行查阅相关文献。

注记 3.6 本章仅考虑了多智能体是同质的情况，即它们的动力学是相同的(这里主要指串联积分器的个数)。值得指出的是，任意串联积分器都能抽象为单积分器，这意味着对于异质串联积分器型多智能体系统，它们的抽象系统是相同的，只需对局部的接口函数稍作改变即可，不影响算法的整体性能。

注记 3.6 上述几个定理根据设计过程中是否存在由控制层到决策层的反馈通道给出了两类可以保证高阶多智能体系统〔式(3.1)所示〕实现最优一致性的分布式算法。需要指出，上文仅仅选择了一种特殊的决策层优化算法和一类特殊的层次接口函数，通过嵌入式方法就获得了一种备择的最优一致性算法。在实际设计中，可以通过排列组合的方式获得更多满足不同需求的备择分布式算法。这种模块化设计的好处是，当智能体的动力学发生变化的时候，无须过分关注优化部分的复杂性，更无须从头开始进行算法设计，只需对接口函数加以改造，保证接口函数的有效性和整体算法的收敛性即可，反之亦然。这充分表明了使用本书所倡导的分层设计方法来求解最优一致性问题的高效性和灵活性。

3.4 仿真实例

本节通过求解机器人的最优集结问题来验证算法的有效性[115]。

假定第 i 个轮式机器人的动力学方程为

$$\begin{aligned}\dot{r}_i^x&=v_i\cos(\theta_i)\\ \dot{r}_i^y&=v_i\sin(\theta_i)\\ \dot{\theta}_i&=\omega_i\\ \dot{v}_i&=\frac{F_i}{m}\\ \dot{\omega}_i&=\frac{\tau_i}{J_i}\end{aligned}\tag{3.14}$$

其中(r_i^x,r_i^y)是机器人的质心位置，θ_i 是机器人的朝向，v_i 和 ω_i 分别是机器人的线速度和角速度，F_i 和 τ_i 分别是所施加的力和力矩，m_i 是机器人的总质量，J_i 是转动惯量。

假定固定在机器人上的手臂末端和机器人质心位置的距离为 d_i，则手臂末端的位置可写成 $y_i \triangleq (r_i^x + d_i \cos(\theta_i), r_i^y + d_i \sin(\theta_i))$。应用状态反馈线性化可将该机器人的动力学方程转化成如下积分器形式：

$$\ddot{y}_i = u_i \tag{3.15}$$

所谓最优集结，就是要设计合理的控制器来驱动这一组机器人的手臂，使它们最终集结在与所有机器人初始位置距离之和最小的位置处。为此，不妨取局部目标函数为 $f_i(y) = \|y - y_i(0)\|^2$，相应的全局目标函数为 $f(y) = \sum_{i=1}^{5} \|y - y_i(0)\|^2$。这样就将多机器人的最优集结问题转化成了式(3.15)所示多智能体系统的最优一致性问题。

采用无须集中式工作站采集所有机器人信息的分布式方案，并假设机器人之间的通信拓扑如图 3-1 所示，对应边的权重全部设置为 1。经过简单验证可知，假设 3.1 和假设 3.2 均满足。因此可根据定理 3.3 和定理 3.4 来求解该问题。

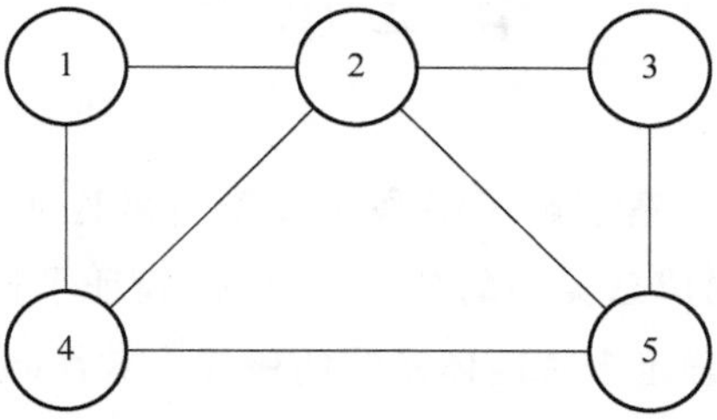

图 3-1 机器人之间的通信拓扑

由于局部目标函数是人为构造的，这里直接使用如下形式的控制器：

$$u_i = -\frac{1}{\varepsilon^2}[c_0(y_i - z_i) + \varepsilon c_1 \dot{y}_i]$$

$$\dot{z}_i = -(z_i - y_i(0)) - \sum_{j=1}^{N} a_{ij}(\lambda_i - \lambda_j)$$

$$\dot{\lambda}_i = \sum_{j=1}^{N} a_{ij}(z_i - z_j)$$

取参数 $c_0 = 4, c_1 = 8, \varepsilon = 1$。假定系统初始值在 $[-10,10]^8$ 随机选取，最终的仿真效果如图 3-2 所示，其中用小菱形标记机器人手臂的初始位置，用圆圈标记最优集结点 y^*。显然，所有机器人的手臂最终到达了理想的最优集结点，验证了上述控制器的有效性。

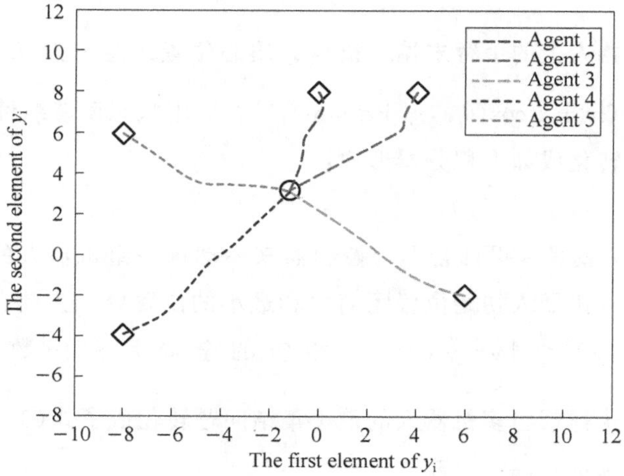

图 3-2 机器人平面位置的演化曲线

图 3-2 彩图

本章小结

本章利用分层设计方案求解了串联积分器型多智能体系统的最优一致性问题，提出了两类基于不同信息类型的分布式算法，验证了这种分层设计的有效性，也为下面进一步讨论不确定多智能体系统的最优一致性问题奠定了良好的基础。

第 4 章
含静态不确定性的多智能体最优一致性

第 3 章研究了串联积分器型多智能体系统的最优一致性问题。实际物理系统的模型复杂得多，且不可避免地会遇到各式各样的不确定性。它们有的来自建模机理本身的不完备性，有的则来自传感器或者执行器等的噪声或误差。从本章开始，我们将利用分层设计方案研究几类典型不确定高阶多智能体系统的最优一致性问题。其中，本章将在串联积分器型多智能体系统的基础上，讨论一类含静态不确定性的多智能体系统，并设计合理的补偿机制以保证其最优一致性问题的可解性。

4.1 问题描述

考虑 N 个如下形式的不确定高阶智能体系统：

$$\dot{y}_i^{(n)}=\Delta_i(\boldsymbol{y}_i,\boldsymbol{\theta}_i,t)+u_i \tag{4.1}$$

其中 $y_i\in\mathbb{R}$ 和 $u_i\in\mathbb{R}$ 分别是智能体 i 的输出和控制输入，$\boldsymbol{y}_i=\mathrm{col}(y_i,\dot{y}_i,\cdots,y_i^{(n-1)})$ 代表输出 y_i 及其各阶导数。我们这里用函数 Δ_i 来代表系统模型中的静态不确定性，其中的 $\boldsymbol{\theta}_i\in\mathbb{R}^{n_{i\theta}}$ 是一未知参数向量。这种形式的不确定性常用来描述系统动力学中的未建模动态或者外部扰动等，有时也出现在诸如神经网络、模糊控制等智能控制算法的分析与设计中[121]。

针对式(4.1)所示的多智能体系统，我们沿用第 3 章关于目标函数和网络拓扑的假设，讨论它们的最优一致性问题。

假设 4.1 图 $\mathcal{G}$ 是无向且连通的。

假设 4.2 函数 c_i 是充分光滑的，且存在两个常数 $\underline{l}$ 和 $\bar{l}$ 使得 $\underline{l} \leqslant \nabla c_i(s) \leqslant \bar{l}$ 对任意 $s \in \mathbb{R}$ 均成立。

当 $\Delta_i(\boldsymbol{y}_i, \boldsymbol{\theta}_i, t) \equiv 0$ 时，该问题立即退化成第 3 章的特殊情况。因此，本章的主要目标是寻找合理的补偿机制，降低这些不确定性的影响，以期保证此类不确定高阶多智能体系统最优一致性的可解性。

若采用之前提到的紧耦合一体化方法，这些静态不确定性无疑会使问题变得更加复杂。与此同时，此时的最优一致性控制任务在本质上与第 3 章相同，区别仅在于实际多智能体系统的动力学部分。若仍然取形如式(3.2)的抽象系统作为辅助多智能体，那么对应的决策层算法可以保持不变，仅需对层次之间的接口函数进行重设计即可。为此，下面将采用第 2 章提出的分层设计方案，构造基于此的分布式算法，求解不确定性多智能体系统的最优一致性。

在进一步分析之前，先排除一种特殊情况。假定可找到恰当的函数 Δ_{i1} 和 Δ_{i2}，将 $\Delta_i(\boldsymbol{y}_i, \boldsymbol{\theta}_i, t)$ 分解为形如 $\Delta_i(\boldsymbol{y}_i, \boldsymbol{\theta}_i, t) = \Delta_{i1}(\boldsymbol{y}_i, t) + \Delta_{i2}(\boldsymbol{y}_i, \boldsymbol{\theta}_i, t)$ 的两部分，并且 $\Delta_{i1}(\boldsymbol{y}_i, t)$ 是已知的。对这种情况，可直接采用反馈线性化的方法，为该智能体定义新的输入 $\bar{u}_i = u_i - \Delta_{i1}(\boldsymbol{y}_i, t)$，输入变换后的智能体又重新化成式(4.1)的形式。因此，本章不失一般性地总假设 $\Delta_i(\boldsymbol{y}_i, \boldsymbol{\theta}_i, t)$ 仅包含不确定性部分。

下面将根据不确定性的结构，首先讨论可线性参数化的情况，设计基于自适应技术的分布式最优一致性算法，然后从鲁棒控制的角度讨论静态不确定性不可线性参数化时的补偿机制和算法设计问题。

4.2 线性参数化假设与自适应最优一致性算法

本节对静态不确定性 $\Delta_i(\boldsymbol{y}_i, \boldsymbol{\theta}_i, t)$ 作如下假设。

假设 4.3 存在已知的向量函数 $p_i(x_i, t)$ 满足如下条件：

$$\Delta_i(\boldsymbol{y}_i, \boldsymbol{\theta}_i, t) = \boldsymbol{\theta}_i^{\mathrm{T}} p_i(\boldsymbol{y}_i, t) \tag{4.2}$$

注记 4.1 该条件是自适应控制中的标准假设，它意味着系统动力学中的静态不确定性可写成线性参数化的形式，从而将函数不确定性问题转化成参数不确定性问题，大大地减少了原问题的复杂程度。当然这里的参数 $\boldsymbol{\theta}_i$ 是未知的。实际上，有不少实际被控对象可以写成这样的形式，包括著名的 Van der Pol 系统、Duffing 方程和很多的机电系统[117]。另外，这里假定了参数化的基底函数可以是时变的，利用这一特性可以描述许多输入通道的外部扰动，如谐波信号等。

处理这类线性参数化不确定性的一种典型思路是首先假定参数是已知的，设计全信息控制器；然后构造合理的参数估计器，建立基于必然等价原则（Certainty Equivalence Principle，CEP）的自适应算法[122]。本节即采用这种思路来改造层次接口，实现对不确定性的估计与补偿。

为节省空间，此处仅讨论智能体只获得局部目标函数实时梯度的情况。具体来说，本节讨论的控制器结构如下：

$$
\begin{aligned}
u_i &= -\hat{\boldsymbol{\theta}}_i^{\mathrm{T}}\boldsymbol{p}_i(\boldsymbol{y}_i,t)-\frac{1}{\varepsilon^n}[k_0(y_i-x_i)+\varepsilon k_1\dot{y}_i+\cdots+\varepsilon^{n-1}k_{n-1}y_i^{(n-1)}]\\
\dot{\hat{\boldsymbol{\theta}}}_i &= \phi_i(\boldsymbol{y}_i,\hat{\boldsymbol{\theta}}_i,x_i,t)\\
\dot{x}_i &= -\sum_{j=1}^{N}a_{ij}(\lambda_i-\lambda_j)-\nabla c_i(y_i)\\
\dot{\lambda}_i &= \sum_{j=1}^{N}a_{ij}(x_i-x_j)
\end{aligned}
\tag{4.3}
$$

其中控制器参数 $k_0,\cdots,k_{n-1}$ 与上文保持一致，$\varepsilon>0$ 是待确定的高增益参数，$\hat{\boldsymbol{\theta}}_i$ 是对参数向量 $\boldsymbol{\theta}_i$ 的估计，函数 ϕ_i 则是待设计的参数学习律。

通过采用第 3 章的坐标变换，可以直接写出 $e_i=y_i-y^*$ 满足的动力学方程：

$$
\begin{aligned}
\dot{e}_i^{(n)} &= -\frac{1}{\varepsilon^n}[k_0e_i+\varepsilon k_1\dot{e}_i+\cdots+\varepsilon^{n-1}k_{n-1}e_i^{(n-1)}]-\\
&\quad\frac{k_0}{\varepsilon^n}(x_i-y^*)+(\boldsymbol{\theta}_i^{\mathrm{T}}-\hat{\boldsymbol{\theta}}_i^{\mathrm{T}})\boldsymbol{p}_i(\boldsymbol{y}_i,t)\\
\dot{\hat{\boldsymbol{\theta}}}_i &= \phi_i(\boldsymbol{y}_i,\hat{\boldsymbol{\theta}}_i,x_i,t)\\
\dot{x}_i &= -\sum_{j=1}^{N}a_{ij}(\lambda_i-\lambda_j)-\nabla c_i(y_i)\\
\dot{\lambda}_i &= \sum_{j=1}^{N}a_{ij}(x_i-x_j)
\end{aligned}
\tag{4.4}
$$

由于参数估计误差和梯度信息的不完备，无法直接通过上式得出 e_i 的收敛性。为此，我们转而计算实际多智能体系统相对于决策层辅助多智能体系统的跟踪误差 y_i-x_i。

记 $\hat{\boldsymbol{y}}_i=\mathrm{col}(y_i-x_i,\varepsilon y_i,\cdots,\varepsilon^{n-1}y_i^{(n-1)})$，并令

$$
\boldsymbol{A}=\begin{bmatrix}\boldsymbol{0} & \boldsymbol{I}_{n-1}\\ -k_0 & -k_1\cdots-k_{n-1}\end{bmatrix},\boldsymbol{b}_1=\mathrm{col}(1,0,\cdots,0),\boldsymbol{b}_2=\mathrm{col}(0,\cdots,0,1)
$$

此时，可得到向量$\hat{\boldsymbol{y}}_i$在新坐标系下应该满足的动力学方程如下：

$$\begin{aligned}\varepsilon\dot{\hat{\boldsymbol{y}}}_i &= \boldsymbol{A}\hat{\boldsymbol{y}}_i - \varepsilon\boldsymbol{b}_1\dot{x}_i + \varepsilon^n\boldsymbol{b}_2(\boldsymbol{\theta}_i^{\mathrm{T}} - \hat{\boldsymbol{\theta}}_i^{\mathrm{T}})\boldsymbol{p}_i(\boldsymbol{y}_i, t)\\ \dot{\hat{\boldsymbol{\theta}}}_i &= \phi_i(\boldsymbol{y}_i, \hat{\boldsymbol{\theta}}_i, x_i, t)\\ \dot{x}_i &= -\sum_{j=1}^{N}a_{ij}(\lambda_i - \lambda_j) - \nabla c_i(y_i)\\ \dot{\lambda}_i &= \sum_{j=1}^{N}a_{ij}(x_i - x_j)\end{aligned} \tag{4.5}$$

熟悉奇异摄动理论的读者会发现，除自适应部分外，式(4.5)所示的系统恰好是奇异摄动的标准形式[117]。实际上，令参数$\varepsilon=0$，可知$\hat{\boldsymbol{y}}_i=0$。此时对应的拟稳态模型就是理想情况下决策层的最优一致性算法。基于上述观察，只需要设计合适的参数估计器，再改变$\bar{\boldsymbol{y}}_i$子系统的高增益参数即可保证原系统的稳定性。

取$\phi_i(\boldsymbol{y}_i, \hat{\boldsymbol{\theta}}_i, x_i, t) = \boldsymbol{p}_i(\boldsymbol{y}_i, t)\boldsymbol{b}_1^{\mathrm{T}}\boldsymbol{P}\hat{\boldsymbol{y}}_i$。此时，式(4.1)所示不确定多智能体系统的分布式最优一致性算法如下：

$$\begin{aligned}u_i &= -\hat{\boldsymbol{\theta}}_i^{\mathrm{T}}\boldsymbol{p}_i(\boldsymbol{y}_i, t) - \frac{1}{\varepsilon^n}[k_0(y_i - x_i) + \varepsilon k_1\dot{y}_i + \cdots + \varepsilon^{n-1}k_{n-1}y_i^{(n-1)}]\\ \dot{\hat{\boldsymbol{\theta}}}_i &= \boldsymbol{p}_i(\boldsymbol{y}_i, t)\boldsymbol{b}_2^{\mathrm{T}}\boldsymbol{P}\hat{\boldsymbol{y}}_i\\ \dot{x}_i &= -\sum_{j=1}^{N}a_{ij}(\lambda_i - \lambda_j) - \nabla c_i(y_i)\\ \dot{\lambda}_i &= \sum_{j=1}^{N}a_{ij}(x_i - x_j)\end{aligned} \tag{4.6}$$

其中矩阵$\boldsymbol{P}$是Lyapunov方程$\boldsymbol{A}^{\mathrm{T}}\boldsymbol{P}+\boldsymbol{P}\boldsymbol{A}=-\boldsymbol{I}_n$的唯一正定解。

下面的定理表明了该算法的有效性。

定理 4.1 若假设4.1和假设4.2成立，则存在充分小的常数$\varepsilon>0$，对任意未知常向量$\boldsymbol{\theta}_i\in\mathbb{R}^{n_{i\theta}}$，都存在形如式(4.6)的控制器可解决式(4.1)所示多智能体系统的分布式最优一致性问题，即保证闭环系统轨线的定义是良好的，并且$\lim\limits_{t\to\infty}y_i(t)=y^*$成立。

证明：根据定理3.3的推导过程，可将误差系统写成如下形式：

$$\dot{\hat{\boldsymbol{y}}}_i = \frac{1}{\varepsilon}\boldsymbol{A}\hat{\boldsymbol{y}}_i - \boldsymbol{b}_1\dot{x}_i + \varepsilon^{n-1}\boldsymbol{b}_2(\boldsymbol{\theta}_i^{\mathrm{T}} - \hat{\boldsymbol{\theta}}_i^{\mathrm{T}})\boldsymbol{p}_i(\boldsymbol{y}_i, t)$$

$$\dot{\hat{\boldsymbol{\theta}}}_i = \boldsymbol{p}_i(\boldsymbol{y}_i, t)\boldsymbol{b}_2^{\mathrm{T}}\boldsymbol{P}\hat{\boldsymbol{y}}_i$$

$$\dot{\bar{\boldsymbol{x}}} = -\prod(\bar{\boldsymbol{x}},\boldsymbol{x}^*) - \boldsymbol{L}\boldsymbol{R}_N\boldsymbol{\lambda}_2 - \Xi(\boldsymbol{y},\boldsymbol{x})$$

$$\dot{\boldsymbol{\lambda}}_2 = (\boldsymbol{R}_N^{\mathrm{T}}\boldsymbol{L})\bar{\boldsymbol{x}}$$

由于不影响稳定性分析，这里省略了$\boldsymbol{\lambda}_1 \equiv \boldsymbol{0}$对应的动力学部分。

记$\tilde{\boldsymbol{\theta}}_i = \boldsymbol{\theta}_i - \hat{\boldsymbol{\theta}}_i$，$\tilde{\boldsymbol{\theta}} = \mathrm{col}(\tilde{\theta}_1,\cdots,\tilde{\theta}_N)$。取一个备择 Lyapunov 函数如下：

$$\bar{V}(\hat{\boldsymbol{y}},\hat{\boldsymbol{x}},\tilde{\boldsymbol{\theta}}) = \sum_{i=1}^{N} V_i(\hat{\boldsymbol{y}}_i) + W(\hat{\boldsymbol{x}}) + \varepsilon^{n-1}\,\tilde{\boldsymbol{\theta}}^{\mathrm{T}}\tilde{\boldsymbol{\theta}}$$

其中V_i，W_i，$\hat{\boldsymbol{x}}$和定理 3.3 证明中的定义相同。显然，该函数是正定的，并且是径向无界的。

将$\bar{V}$当作时间的函数，沿着闭环系统轨线求其 Lie 导数可得：

$$\begin{aligned}
\dot{\bar{V}}(\hat{\boldsymbol{y}},\hat{\boldsymbol{x}},\tilde{\boldsymbol{\theta}}) &= \sum_{i=1}^{N}\dot{V}_i(\hat{\boldsymbol{y}}_i) + \dot{W}(\hat{\boldsymbol{x}}) + 2\varepsilon^{n-1}\,\tilde{\boldsymbol{\theta}}^{\mathrm{T}}\dot{\tilde{\boldsymbol{\theta}}} \\
&= 2\sum_{i=1}^{N}\hat{\boldsymbol{y}}_i^{\mathrm{T}}\boldsymbol{P}\left[\frac{1}{\varepsilon}\boldsymbol{A}\,\hat{\boldsymbol{y}}_i\boldsymbol{b}_1\,\dot{x}_i + \varepsilon^{n1}\boldsymbol{b}_2\,\tilde{\boldsymbol{\theta}}_i^{\mathrm{T}}\boldsymbol{p}_i(\boldsymbol{y}_i,t)\right] + \\
&\quad \frac{\partial W}{\partial\bar{\boldsymbol{x}}}\left[-\prod(\bar{\boldsymbol{x}},\boldsymbol{x}^*) - \boldsymbol{L}\boldsymbol{R}_N\boldsymbol{\lambda}_2\right] + \frac{\partial W}{\partial\,\hat{\boldsymbol{\lambda}}_2}\left[(\boldsymbol{R}_N^{\mathrm{T}}\boldsymbol{L})\bar{\boldsymbol{x}}\right] + \\
&\quad \frac{\partial W}{\partial\bar{\boldsymbol{x}}}\Xi(\boldsymbol{y},\boldsymbol{x}) + 2\varepsilon^{n-1}\sum_{i=1}^{N}\tilde{\boldsymbol{\theta}}_i^{\mathrm{T}}\boldsymbol{p}_i(\boldsymbol{y}_i,t)\boldsymbol{b}_2^{\mathrm{T}}\boldsymbol{P}\,\hat{\boldsymbol{y}}_i \\
&\leqslant -\frac{1}{\varepsilon}\hat{\boldsymbol{y}}^{\mathrm{T}}\hat{\boldsymbol{y}} - l_3\|\hat{\boldsymbol{x}}\|^2 + l_4\bar{l}\,\|\hat{\boldsymbol{y}}\|\,\|\hat{\boldsymbol{x}}\| + 2\|\boldsymbol{P}\boldsymbol{b}_1\|\cdot\|\hat{\boldsymbol{y}}\|\,\|\dot{\boldsymbol{x}}\| \\
&\leqslant -\left(\frac{1}{\varepsilon} - 2v_1\|\boldsymbol{P}\boldsymbol{b}_1\|\right)\|\hat{\boldsymbol{y}}\|^2 - l_3\|\hat{\boldsymbol{x}}\|^2 + (l_4\bar{l} + 2v_2\|\boldsymbol{P}\boldsymbol{b}_1\|)\|\hat{\boldsymbol{y}}\|\,\|\hat{\boldsymbol{x}}\|
\end{aligned}$$

注意：在上式推导过程中反复使用了W满足的不等式组〔式(3.15)〕和相关函数的全局 Lipschitz 特性。

至此，再利用 Young 不等式处理相关交叉项可得：

$$\dot{\bar{V}}(\hat{\boldsymbol{y}},\hat{\boldsymbol{x}},\tilde{\boldsymbol{\theta}}) \leqslant -\left[\frac{1}{\varepsilon} - 2v_1\|\boldsymbol{P}\boldsymbol{b}_1\| - \frac{(l_4\bar{l} + 2v_2\|\boldsymbol{P}\boldsymbol{b}_1\|)^2}{2l_3}\right]\|\hat{\boldsymbol{y}}\|^2 - \frac{l_3}{2}\|\hat{\boldsymbol{x}}\|^2$$

令$0 < \varepsilon \leqslant \dfrac{1}{1 + 2v_1\|\boldsymbol{P}\boldsymbol{b}_1\| + (l_4\bar{l} + 2v_2\|\boldsymbol{P}\boldsymbol{b}_1\|)^2}$，上式可化简为

$$\dot{\bar{V}}(\hat{\boldsymbol{y}},\hat{\boldsymbol{x}},\tilde{\boldsymbol{\theta}}) \leqslant -\|\hat{\boldsymbol{y}}\|^2 - \frac{l_3}{2}\|\hat{\boldsymbol{x}}\|^2$$

根据 LaSalle-Yoshizawa 定理(文献[117]的定理 8.4 或文献[123]的定理 2.1)，闭环系统的所有轨线在正半轴都是有界的，并且满足$\lim\limits_{t\to\infty}\|\hat{\boldsymbol{y}}(t)\| = \lim\limits_{t\to\infty}\|\hat{\boldsymbol{x}}(t)\| = 0$。再使用三角不等式，即可得到本定理的结论。证毕。

注记 4.2 注意这里的不确定性是时变的，不能直接使用 LaSalle 不变原理。通过考虑时变性，我们可选取合适的基函数将由有界外系统产生的控制通道扰动信号写进 $\Delta_i(\boldsymbol{y}_i, \boldsymbol{\theta}_i, t)$ 的表达式中，继而提供了一种与现有文献[106,120]不同的扰动抑制方法。

4.3 基于内模的最优一致性算法

尽管线性参数化条件的用途非常广，但其验证往往需要一定的先验知识，并且实际不确定性未必一定满足这样的条件。为此，本节考虑线性参数化条件不成立时的情形。以下仅考虑 Δ_i 为不显含时间 t 的连续函数的情况。

假定考虑智能体已知局部目标函数解析式，此时我们仍使用式(3.3)作为决策层的算法，重点关注接口函数的改造和整体算法的有效性。

假设 4.4 存在已知的紧集 $W_i \subset \mathbb{R}^{n_\theta}$ 和 $W_0 \in \mathbb{R}$ 满足 $\theta_i \in W_i$，$z_i(t) \in W_0$。

取使多项式 $k_0 + k_1 s + \cdots + k_{n-2} s^{n-2} + s^{n-1}$ 稳定的常数 $k_0, \cdots, k_{n-1}$。比如任取正常数 w，令 $k_j = C_{n-1}^j w^{n-1-j}$ 即可，然后取坐标变换

$$\boldsymbol{\chi}_i = \mathrm{col}(y_i - x_i, \dot{y}_i, \cdots, y_i^{(n-2)})$$

$$\xi_i = k_0(y_i - x_i) + k_1 \dot{y}_i + \cdots + k_{n-2} y_i^{(n-2)} + y_i^{(n-1)}$$

可将式(4.1)所示多智能体系统的动力学方程写成如下形式：

$$\dot{\chi}_i = \boldsymbol{A} \chi_i - \boldsymbol{b}_1 \dot{x}_i + \boldsymbol{b}_2 \zeta_i$$

$$\dot{\xi}_i = k_0 \dot{y}_i + k_1 y_i^{(2)} + \cdots + k_{n-2} y_i^{(n-1)} + \Delta_i(\boldsymbol{y}_i, \theta_i) - k_0 \dot{x}_i + u_i$$

其中 $\boldsymbol{A} = \begin{bmatrix} 0 & \boldsymbol{I}_{n-2} \\ -k_0 & [-k_1 \cdots -k_{n-2}] \end{bmatrix}$，$\boldsymbol{b}_1 = \mathrm{col}(1, 0, \cdots, 0)$，$\boldsymbol{b}_2 = \mathrm{col}(0, \cdots, 0, 1)$。

不难发现，如果能找到恰当的控制算法将变量 ξ_i 调节至原点，再加上决策层算法的指数收敛性，就可以保证 $y_i(t)$ 收敛到 y^*。但如前所述，不确定性的存在导致我们无法直接使用反馈线性化方法。上一节的线性参数化假设保证我们可以使用自适应技术重构不确定性部分，现在换一种新的视角来重新考虑该问题。

通过观察可知多智能体系统〔式(4.1)〕的理想稳态应在点 $\boldsymbol{y}_i^* = \mathrm{col}(y^*, 0, \cdots, 0)$ 处，而此时控制器对应的理想前馈项应该是：$u_i^* = -\Delta_i(\boldsymbol{y}_i^*, \theta_i)$。如果能够找到合适的机制重构这一前馈项，就可将不确定多智能体的最优一致性转化成某种意义下的镇定问题。受此启发，本书下面将采用内模方法来实现这一目标。

根据假设 4.4，此时的理想前馈项 u_i^* 恰好是一常数，故只需引入如下动态补

偿器即可：

$$\dot{\eta}_i = -\eta_i + u_i$$

它本质上是一种特殊形式的标准内模，用来生成理想前馈项。

令 $\bar{u}_i = u_i - \eta_i$，$u_i^*(x_i) = \Delta_i(\mathrm{col}(x_i, 0, \cdots, 0), \theta_i)$，$\bar{\eta}_i = \eta_i - u_i^*(x_i) - \zeta_i$，可得到如下增广多智能体系统：

$$\dot{\bar{\eta}}_i = -\bar{\eta}_i - [k_0 \dot{y}_i + k_1 y_i^{(2)} + \cdots + k_{n-2} y_i^{(n-1)} + \Delta_i(\boldsymbol{y}_i, \theta_i) + u_i^*(x_i)] - \zeta_i + \left[\frac{\mathrm{d}u_i^*(x_i)}{\mathrm{d}x_i} + k_0\right]\dot{x}_i$$

$$\dot{\chi}_i = \boldsymbol{A}\chi_i + \boldsymbol{b}_2 \zeta_i - \boldsymbol{b}_1 \dot{x}_i$$

$$\dot{\zeta}_i = \bar{\eta}_i + \zeta_i + k_0 \dot{y}_i + k_1 y_i^{(2)} + \cdots + k_{n-2} y_i^{(n-1)} + \Delta_i(\boldsymbol{y}_i, \theta_i) + u_i^*(x_i) + \bar{u}_i - k_0 \dot{x}_i$$

下面是本节的主要结论。

定理 4.2 若假设 4.1 至假设 4.4 成立，则存在合适的光滑正函数 $\rho(\zeta_i)$ 和如下分布式算法，以保证多智能体系统〔式(4.1)〕的最优一致性：

$$\begin{aligned} u_i &= -\rho(\zeta_i)\zeta_i + \eta_i \\ \dot{\eta}_i &= -\eta_i + u_i \\ \dot{x}_i &= -\sum_{j=1}^{N} a_{ij}(\lambda_i - \lambda_j) - \nabla c_i(x_i) \\ \dot{\lambda}_i &= \sum_{j=1}^{N} a_{ij}(x_i - x_j) \end{aligned} \tag{4.7}$$

证明：定理 4.2 的证明主要用到了变供给函数（changing supply functions）方法。类似的讨论将在第 7 章出现，这里只给出大致的证明思路。

根据分层设计的基本流程，需要证明定理中的控制算法能实现跟踪目标。将 $\dot{x}_i$ 当作系统的扰动，由式(3.3)所示算法的收敛性和相关函数的连续性可知，只需证明定理中提出的控制器是如下无扰动增广系统的指数镇定控制器即可：

$$\begin{aligned} \dot{\bar{\eta}}_i &= -\bar{\eta}_i - [k_0 \dot{y}_i + k_1 y_i^{(2)} + \cdots + k_{n-2} y_i^{(n-1)} + \Delta_i(\boldsymbol{y}_i, \theta_i) + u_i^*(x_i)] - \zeta_i \\ \dot{\chi}_i &= \boldsymbol{A}\chi_i + \boldsymbol{b}_2 \zeta_i \\ \dot{\zeta}_i &= \bar{\eta}_i + \zeta_i + k_0 \dot{y}_i + k_1 y_i^{(2)} + \cdots + k_{n-2} y_i^{(n-1)} + \Delta_i(\boldsymbol{y}_i, \theta_i) + u_i^*(x_i) + \bar{u}_i \end{aligned} \tag{4.8}$$

首先把 ζ_i 当作上述系统的输出，它是相对阶为 1 的输出反馈标准型非线性系统，然后注意到 $\boldsymbol{A}$ 的形式，不难验证它是最小相位的，并且可以找到一个可微 Lyapunov 函数 $\bar{V}_i(\bar{\eta}_i, \xi_i)$ 使其零动态部分满足如下条件：

$$\underline{\alpha}_i(\|\mathrm{col}(\bar{\eta}_i,\chi_i)\|)\leqslant\bar{V}_i(\bar{\eta}_i,\chi_i)\leqslant\bar{\alpha}_i(\|\mathrm{col}(\bar{\eta}_i,\chi_i)\|)$$

$$\dot{\bar{V}}_i(\bar{\eta}_i,\chi_i)\leqslant-\|\mathrm{col}(\bar{\eta}_i,\chi_i)\|^2+\sigma(\|\zeta_i\|)\|\zeta_i\|^2$$

其中 $\underline{\alpha}_i,\bar{\alpha}_i$ 是 $\mathcal{K}_\infty$ 类函数，光滑函数 σ_i 大于 1。此处用到了假设 4.4 中的有界性条件。详细的构造过程可参考后面的内容或者查阅文献[118]，该内容留给读者自行练习。

利用变供给函数定理，对任意的光滑函数 $\Upsilon_i(\bar{\eta}_i,\chi_i)>0$，存在另一个可微 Lyapunov 函数 $\bar{V}_i^1(\bar{\eta}_i,\xi_i)$，使其零动态部分满足如下条件：

$$\underline{\alpha}_i^1(\|\mathrm{col}(\bar{\eta}_i,\chi_i)\|)\leqslant\bar{V}_i^1(\bar{\eta}_i,\chi_i)\leqslant\bar{\alpha}_i^1(\|\mathrm{col}(\bar{\eta}_i,\chi_i)\|)$$

$$\dot{\bar{V}}_i^1(\bar{\eta}_i,\chi_i)\leqslant-\Upsilon_i(\bar{\eta}_i,\chi_i)\|\mathrm{col}(\bar{\eta}_i,\chi_i)\|^2+\sigma_i^1(\|\zeta_i\|)\|\zeta_i\|^2$$

其中 $\underline{\alpha}_i^1,\bar{\alpha}_i^1$ 也是 $\mathcal{K}_\infty$ 类函数，光滑函数 σ_i^1 大于 1。到此我们取

$$V_i(\bar{\eta}_i,\chi_i,\zeta_i)=\bar{V}_i^1(\bar{\eta}_i,\chi_i)+\frac{1}{2}\zeta_i^2$$

显然，该函数是正定的并且径向无界。沿系统轨线求其关于时间的导数可知：

$$\begin{aligned}\dot{V}_i(\bar{\eta}_i,\chi_i,\zeta_i)\leqslant&-\Upsilon_i(\bar{\eta}_i,\chi_i)\|\mathrm{col}(\bar{\eta}_i,\chi_i)\|^2+\sigma_i^1(\|\zeta_i\|)\|\zeta_i\|^2+\\&\zeta_i[\bar{\eta}_i+\zeta_i+k_0\dot{y}_i+k_1y_i^{(2)}+\cdots+k_{n-2}y_i^{(n-1)}+\Delta_i(\boldsymbol{y}_i,\theta_i)+u_i^*(x_i)+\bar{u}_i]\leqslant\\&-\Upsilon_i(\bar{\eta}_i,\chi_i)\|\mathrm{col}(\bar{\eta}_i,\chi_i)\|^2+(\sigma_i^1(\|\zeta_i\|)+1)\|\zeta_i\|^2+\zeta_i\bar{u}_i+\zeta_i\Xi(\bar{\eta}_i,\chi_i,\theta_i)\end{aligned}$$

其中 $\Xi(\bar{\eta}_i,\chi_i,\theta_i)\triangleq\bar{\eta}_i+k_0\dot{y}_i+k_1y_i^{(2)}+\cdots+k_{n-2}y_i^{(n-1)}+\Delta_i(\boldsymbol{y}_i,\theta_i)+u_i^*(x_i)$，并且对任意 θ_i，$\Xi(0,0,\theta_i)=0$ 均成立。对此，利用 Taylor 展开式可找到光滑函数 $\phi_i>1$，满足：

$$\|\Xi(\bar{\eta}_i,\chi_i,\theta_i)\|^2\leqslant\phi_i(\|\mathrm{col}(\bar{\eta}_i,\chi_i)\|)\|\mathrm{col}(\bar{\eta}_i,\chi_i)\|^2$$

取 $\Upsilon_i(\bar{\eta}_i,\chi_i)=2\max\{\phi_i(\|\mathrm{col}(\bar{\eta}_i,\chi_i)\|),1\}$，代入 V_i 的导数关系中可知：

$$\dot{V}_i(\bar{\eta}_i,\chi_i,\zeta_i)\leqslant-\|\mathrm{col}(\bar{\eta}_i,\chi_i)\|^2-[\rho_i(\zeta_i)-\sigma_i^1(\|\zeta_i\|)-1]\zeta_i^{\ 2}$$

再令 $\rho_i(\zeta_i)=3\max\{\sigma_i^1(\|\zeta_i\|),1\}$，可得

$$\dot{V}_i(\bar{\eta}_i,\chi_i,\zeta_i)\leqslant-\|\mathrm{col}(\bar{\eta}_i,\chi_i)\|^2-\zeta_i^2$$

根据 Lyapunov 定理(文献[117]中的定理 4.2)可知，闭环系统是全局渐近稳定的。结合式(3.3)所示算法的指数收敛性，很容易验证定理结论的成立。证毕。

注记 4.3 定理 4.2 的证明也可以直接讨论扰动系统的稳定性。事实上，此时带扰动的误差系统相对 $\dot{x}_i$ 是输入-状态稳定的。由此，再结合 $\dot{x}_i$ 的收敛性同样可得到定理中的结论。

注记 4.4 本章只考虑了系统动力学中的匹配静态不确定性。实际上可以使

用 backstepping 方法[123]将以上结论推广到一般下三角型非线性系统，只不过符号要复杂很多，该部分留给读者自行练习。另外，参数的有界性条件也可通过自适应的方法去掉，这部分内容将在第 7 章详细讨论。

注记 4.5 本节讨论了线性参数化假设，并针对不满足参数化假设的情况设计了基于内模的方法。在实际应用中，还可以用神经网络、模糊规则等其他具有一定逼近能力的智能算法处理这类静态不确定性。但这类智能算法大都只能获得半全局的实用收敛性，缺乏全局渐近的结果。文献[124]设计了一种将内模原理和神经网络相结合的方法，保证了最优一致性算法的全局最终有界性。受篇幅所限，本书不再详细展开，感兴趣的读者可以查阅文献[121,124-126]。

4.4 仿真实例

本节给出一个实例来验证上面两种算法的有效性[127,128]。

考虑包含四个受控 Van der Pol 振子的高阶多智能体系统：

$$\begin{aligned} \dot{x}_{1,i} &= x_{2,i} \\ \dot{x}_{2,i} &= \Xi_i + u_i + d_i(t) \\ y_i &= x_{1,i}, i=1,2,3,4 \end{aligned} \tag{4.9}$$

其中 $\Xi_i \triangleq -a_i x_{1,i} + b_i(1-x_{1,i}^2)x_{2,i}$，$a_i$ 和 b_i 是正参数，$d_i(t)$是外部扰动。假定 a_i 和 b_i 是未知的，外部扰动是如下形式的谐波：

$$\begin{aligned} d_i &= D_i v_i \\ \dot{v}_i &= S_i v_i \end{aligned} \tag{4.10}$$

其中 $D_i=[1,0]$，$S_i=[0,1;-1,0]$。假定四个振子之间的通信拓扑如图 4-1 所示。

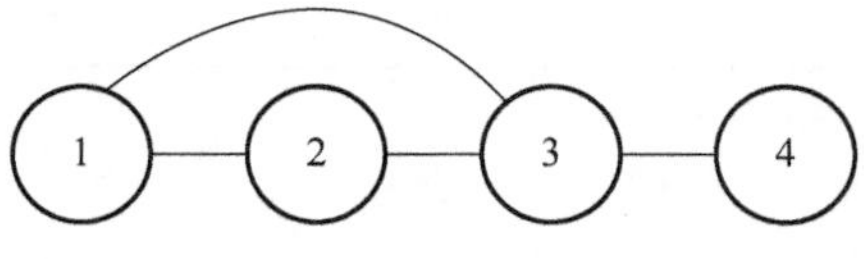

图 4-1 四个振子之间的通信拓扑

假定问题中的局部目标函数为如下形式的凸函数：

$$f_1(y) = (y-8)^2$$

$$f_2(y) = \frac{y^2}{20\sqrt{y^2+1}} + y^2$$

$$f_3(y)=\frac{y^2}{80\ln(y^2+2)}+(y-5)^2$$

$$f_4(y)=\ln(e^{-0.05y}+e^{0.05y})+y^2$$

通过简单的数学计算，可验证假设 4.1 和假设 4.2 均成立。另外，通过数值计算可得，该问题的全局最优解为 $y^*\approx 3.24$。

我们首先使用自适应方法来实现最优一致性。根据干扰信号的生成方程，必然存在依赖于 $v_i(0)$ 的常矩阵 $\boldsymbol{A}_{1i}$ 和 $\boldsymbol{A}_{2i}$，使得这些干扰信号可以写成如下形式：

$$d_i(t)=\boldsymbol{A}_{1i}\sin(t)+\boldsymbol{A}_{2i}\cos(t)$$

若令 $\boldsymbol{\theta}_i=[a_i,b_i,\boldsymbol{A}_{1i},\boldsymbol{A}_{2i}]^{\mathrm{T}}$，并取 $\boldsymbol{p}_i(x_i,t)=[-x_{1,i},(1-x_{1,i}^2)x_{2,i},\sin(t),\cos(t)]^{\mathrm{T}}$，可将智能体写成式(4.1)所示系统的形式。根据定理 4.1，存在形如式(4.6)的控制器可有效解决这些智能体的分布式优化问题。

在仿真中，取参数 $a_i=b_i=1$，$v_i(0)=\mathrm{col}(1,0)$，$k_{1i}=-1$，$k_{2i}=-2$。各个智能体的输出结果如图 4-2 所示。由图 4-2 可以看出，四个智能体的输出以较快的速度收敛到最优解上，证明该算法能够很好地解决其分布式优化问题。此外，可以利用持续激励条件进行进一步的分析，直到 $\hat{\theta}_{1,i}(t)$，$\hat{\theta}_{2,i}(t)$，$\hat{\theta}_{4,i}(t)$ 这几个估计值收敛到各自的真值，但 $\hat{\theta}_{2,i}(t)$ 未必收敛，图 4-3 可验证我们的推论。

其次考虑基于内模的方法来实现最优一致性。假定外部干扰为零，并取形如式(4.7)的分布式控制器。其中，$\rho_i(s)=s^4+1$，其他参数与前面一致，得到的仿真效果如图 4-4 所示。由图 4-4 可观察到各智能体的输出都很快收敛到了全局最优解处，因此验证了基于内模的最优一致性算法的有效性。

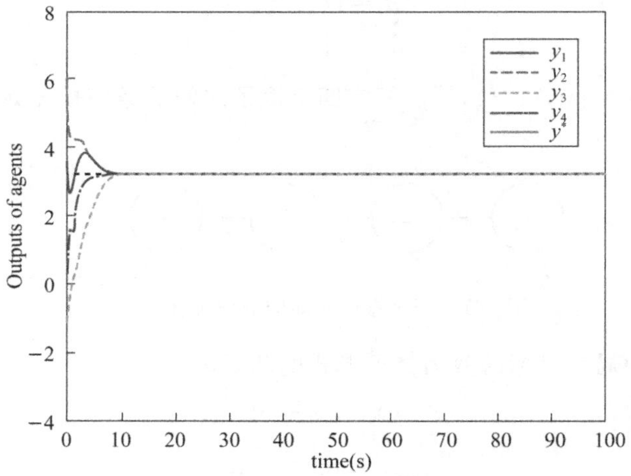

图 4-2　自适应最优一致性算法下的输出演化曲线

图 4-2 彩图

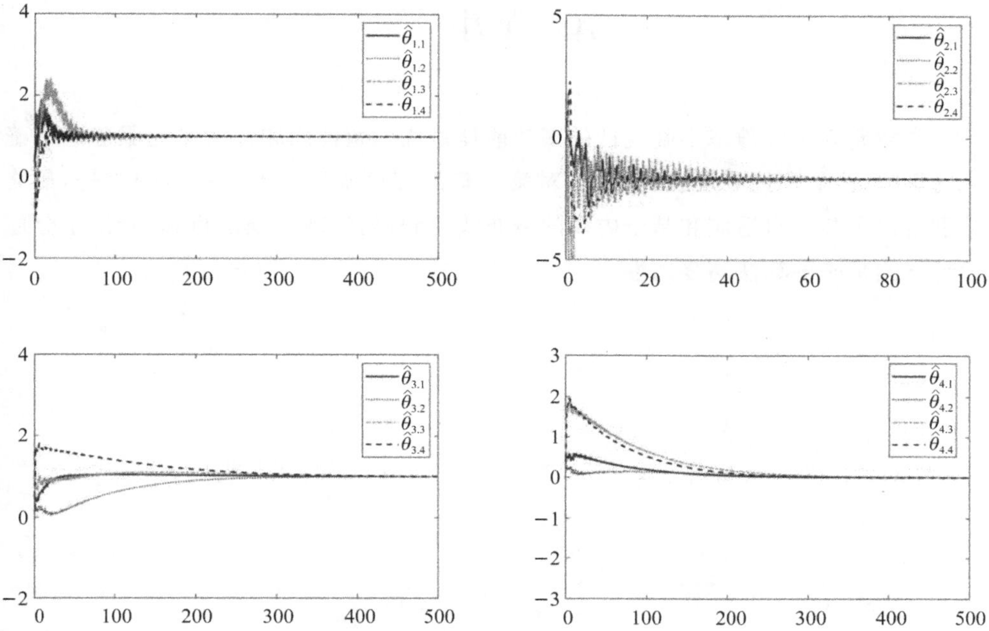

图 4-3　自适应最优一致性算法下模型参数估计值 $\hat{\theta}(t)$ 的演化曲线

图 4-3 彩图

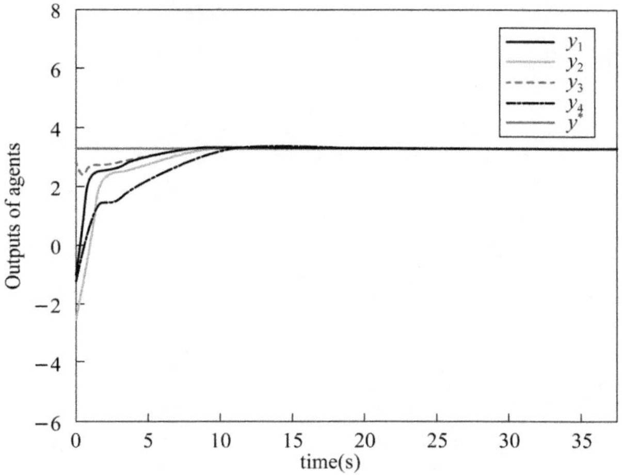

图 4-4　内模最优一致性算法下的输出演化曲线

本章小结

本章研究了含静态不确定性的多智能体最优一致性问题。为了克服静态不确性的影响，我们利用分层设计方案，对第 3 章的接口函数做了进一步的改进，最终分别给出了基于自适应和基于内模的分布式控制器，实现了既定目标，验证了分层设计方案带来的算法高复用性。

第 5 章

含动态不确定性的高阶多智能体最优一致性

第 4 章研究了含静态不确定性的多智能体最优一致性问题。本章将关注系统动力学中的动态不确定性。一般来说，静态不确定性通常只会改变平衡点的位置，但动态不确定性可能会对整个闭环系统的稳定性造成影响，因此其补偿机制要更加复杂。本章将针对一类典型的含动态不确定性的高阶多智能体系统展开讨论，并给出几种可行的补偿机制以实现最优一致性目标。

5.1 问题描述

考虑一类含动态不确定性的高阶多智能体系统：

$$\begin{aligned} \dot{z}_i &= h_i(z_i, y_i) \\ y_i^{(n)} &= f_i(z_i, \boldsymbol{y}_i) + u_i \end{aligned} \tag{5.1}$$

其中 $z_i \in \mathbb{R}^{n_{iz}}$ 是动态不确定性的内部状态，$h_i(z_i, y_i)$ 和 $f_i(z_i, \boldsymbol{y}_i)$ 都是光滑函数。假定 $\boldsymbol{y}_i = \mathrm{col}(y_i, \dot{y}_i, \cdots, y_i^{(n-1)})$ 是已知的，但 z_i 未知。与前面两章类似，本章的目标是设计分布式算法来求解这类不确定高阶多智能体系统的最优一致性问题。

假设 5.1 图 $\mathcal{G}$ 是无向且连通的。

假设 5.2 函数 c_i 是充分光滑的，且存在两个常数 $\underline{l}$ 和 $\bar{l}$ 使得 $\underline{l} \leqslant \nabla c_i(s) \leqslant \bar{l}$ 对任意 $s \in \mathbb{R}$ 均成立。

若 $h_i(z_i, y_i) \equiv 0$，则智能体的动力学退化成了第 4 章讨论过的含静态不确定性的动力学。相应地，我们依旧无法直接使用反馈线性化方法抵消 $f_i(z_i, \boldsymbol{y}_i)$，同时

注意到 z_i 本身是在演化的而不是常值，并且其演化规律与 y_i 之间互联，这导致单独使用类似于第 4 章的自适应方法根本不足以应对这类不确定性。

需要指出，求解形如式(5.1)的动态不确定性多智能体最优一致性问题，其本质等价于考虑状态变量不可获取时以 $\boldsymbol{y}_i$ 为量测输出的输出反馈最优一致性问题。为解决该问题，依然使用形如式(3.3)的决策层算法，然后考虑形如式(5.1)的智能体以 y_i 为输出、以 x_i 为参考轨线的鲁棒跟踪问题。

下面将提供两种不同的思路来处理该问题。

5.2 基于动态估计器的最优一致性算法

基于动态估计器的最优一致性算法的思路比较直观，就是从反馈线性化出发，建立基于 y_i 的动态不确定性 z_i 的估计器，然后利用此估计器补偿其对控制目标的影响。

为保证设计的可行性，考虑如下一类特殊的多智能体系统：

$$\dot{z}_i=\boldsymbol{A}_i z_i+h_i(y_i)$$

$$\dot{y}_i^{(n)}=f_i(z_i,\boldsymbol{y}_i)+u_i$$

并假设动态不确定性部分满足如下条件。

假设 5.3 矩阵 $\boldsymbol{A}_i\in\mathbb{R}^{n_{iA}\times n_{iA}}$ 是 Hurwitz 的，且 $f_i(z_i,\boldsymbol{y}_i)$关于 z_i 是 l-Lipschitz 的，即存在常数 $l>0$，对任意 $z_i,\boldsymbol{y}_i$ 和 δ 均满足 $\|f_i(z_i+\delta,\boldsymbol{y}_i)-f_i(z_i,\boldsymbol{y}_i)\|\leqslant\|\delta\|$。

在上述假设下，构造决策层和控制层之间的接口函数如下：

$$u_i=-f_i(\xi_i,\boldsymbol{y}_i)-\frac{1}{\varepsilon^n}[k_0(y_i-x_i)+\varepsilon k_1\dot{y}_i+\cdots+\varepsilon^{n-1}k_{n-1}y_i^{(n-1)}]$$

$$\dot{\xi}_i=\boldsymbol{A}_i\xi_i+h_i(y_i)$$

其中 $k_0,\cdots,k_{n-1}$是 Hurwitz 多项式 $p(s)=s^n+k_{n-1}s^{n-1}+\cdots+k_1 s+k_0$ 的系数，$\varepsilon>0$ 是待定增益。与前几章接口函数相比，此处增加动态估计器估计动态不确定性部分。

定理 5.1 若假设 5.1 至假设 5.3 成立，则对任意 $\varepsilon>0$，下述算法可保证实现不确定多智能体系统〔式(5.1)所示〕的最优一致性目标：

$$
\begin{aligned}
u_i &= -f_i(\boldsymbol{\xi}_i, \boldsymbol{y}_i) - \frac{1}{\varepsilon^n}[k_0(y_i - x_i) + \varepsilon k_1 \dot{y}_i + \cdots + \varepsilon^{n-1} k_{n-1} y_i^{(n-1)}] \\
\dot{\boldsymbol{\xi}}_i &= \boldsymbol{A}_i \boldsymbol{\xi}_i + h_i(y_i) \\
\dot{x}_i &= -\sum_{j=1}^{N} a_{ij}(\lambda_i - \lambda_j) - \nabla c_i(x_i) \\
\dot{\lambda}_i &= \sum_{j=1}^{N} a_{ij}(x_i - x_j)
\end{aligned} \tag{5.2}
$$

证明:定理 5.1 的证明思路与第 4 章部分定理的证明思路类似。只需验证上述接口函数能保证原智能体可渐近跟踪上决策层生成的参考信号 x_i 即可。

为此,令 $\bar{z}_i = z_i - \xi_i$,并记 $\hat{\boldsymbol{y}}_i = \mathrm{col}(y_i - x_i, \varepsilon y_i, \cdots, \varepsilon^{n-1} y_i^{(n-1)})$。此时的跟踪误差系统可写成如下形式:

$$
\begin{aligned}
\dot{\bar{z}}_i &= \boldsymbol{A}_i \bar{z} \\
\dot{\hat{\boldsymbol{y}}}_i &= \frac{1}{\varepsilon} \boldsymbol{A}\, \hat{\boldsymbol{y}}_i - \boldsymbol{b}_1 \dot{x}_i + \varepsilon^{n-1} \boldsymbol{b}_2 [f_i(z_i, \boldsymbol{y}_i) - f_i(\boldsymbol{\xi}_i, \boldsymbol{y}_i)]
\end{aligned} \tag{5.3}
$$

其中 $\boldsymbol{A} = \begin{bmatrix} 0 & \boldsymbol{I}_{n-1} \\ -k_0 & [-k_1 \cdots -k_{n-1}] \end{bmatrix}$, $\boldsymbol{b}_1 = \mathrm{col}(1, 0, \cdots, 0)$, $\boldsymbol{b}_2 = \mathrm{col}(0, \cdots, 0, 1)$。

由于矩阵 $\boldsymbol{A}_i$ 和 $\boldsymbol{A}$ 都是 Hurwitz 的,令 $\boldsymbol{P}_i$ 和 $\boldsymbol{P}$ 分别是下面两个 Lyapunov 方程的唯一正定解:

$$
\boldsymbol{A}_i^{\mathrm{T}} \boldsymbol{P}_i + \boldsymbol{P}_i \boldsymbol{A}_i = -\boldsymbol{I}_{n_{iA}}, \quad \boldsymbol{A}^{\mathrm{T}} \boldsymbol{P} + \boldsymbol{P} \boldsymbol{A} = -\boldsymbol{I}_n
$$

取 $V_i(\bar{z}_i, \hat{\boldsymbol{y}}_i) = l_0 \bar{z}_i^{\mathrm{T}} \boldsymbol{P}_i \bar{z}_i + \hat{\boldsymbol{y}}_i^{\mathrm{T}} \boldsymbol{P} \hat{\boldsymbol{y}}_i$,其中 l_0 是待定的正常数。沿上述跟踪误差系统〔式(5.3)所示〕的状态轨线求导可知:

$$
\begin{aligned}
\dot{V}_i(\bar{z}_i, \hat{\boldsymbol{y}}_i) &= -l_0 \bar{\boldsymbol{z}}_i^{\mathrm{T}} \bar{z}_i + 2 \hat{\boldsymbol{y}}_i^{\mathrm{T}} \boldsymbol{P} \left[\frac{1}{\varepsilon} \boldsymbol{A}\, \hat{\boldsymbol{y}}_i - \boldsymbol{b}_1 \dot{x}_i + \varepsilon^{n-1} \boldsymbol{b}_2 [f_i(z_i, \boldsymbol{y}_i) - f_i(\boldsymbol{\xi}_i, \boldsymbol{y}_i)] \right] \leqslant \\
& -l_0 \| \bar{\boldsymbol{z}}_i \|^2 - \frac{1}{\varepsilon} \| \hat{\boldsymbol{y}}_i \|^2 - 2 \| \boldsymbol{P} \boldsymbol{b}_1 \| \cdot \| \hat{\boldsymbol{y}}_i \| \cdot \| \dot{x}_i \| + 2 l \varepsilon^{n-1} \| \boldsymbol{P} \boldsymbol{b}_2 \| \cdot \| \hat{\boldsymbol{y}}_i \| \cdot \| \bar{\boldsymbol{z}}_i \| \leqslant \\
& -(l_0 - 3 l^2 \varepsilon^{2n-1} \| \boldsymbol{P} \boldsymbol{b}_2 \|^2) \| \bar{\boldsymbol{z}}_i \|^2 - \frac{1}{3\varepsilon} \| \hat{\boldsymbol{y}}_i \|^2 - 3\varepsilon \| \boldsymbol{P} \boldsymbol{b}_1 \|^2 \| \dot{x}_i \|^2
\end{aligned}
$$

令 $l \geqslant 2\max\{(l_0 - 3 l^2 \varepsilon^{2n-1} \| \boldsymbol{P} \boldsymbol{b}_2 \|^2, 1\}$ 可知

$$
\dot{V}_i(\bar{\boldsymbol{z}}_i, \hat{\boldsymbol{y}}_i) \leqslant -\| \bar{\boldsymbol{z}}_i \|^2 - \frac{1}{3\varepsilon} \| \hat{\boldsymbol{y}}_i \|^2 - 3\varepsilon \| \boldsymbol{P} \boldsymbol{b}_1 \|^2 \| \dot{x}_i \|^2
$$

结合定理 3.2 可知 V_i 的指数收敛性。再利用上式中各符号的定义和三角不等式即可得出结论。证毕。

注记 5.1 假设 5.3 中对矩阵 $\boldsymbol{A}_i$ 稳定性的要求是合理的,其中的 Lipschitz 条

件也比较常见。满足假设 5.3 的系统有很多,如线性最小相位系统。

注记 5.2 定理 5.1 的设计理念和证明步骤来源于文献[61]。考虑线性最小相位系统一定可以写成多智能体系统〔式(5.1)所示〕的形式,该定理实际上给了一种不同于文献[115]的分布式最优一致性算法。

5.3 基于内模的最优一致性算法

上节提出了一种基于动态估计器的方法来应对动态不确定性的影响,进而实现最优一致性目标。但这种方法对不确定性的结构要求太高,要求估计器对应的误差系统应该是线性的。本节换一种思路,尝试利用内模原理来处理该问题,这里假设已知 $\|z_i(t)\|$ 的一个一致上界。

与第 4.3 节的思路类似,首先给出一个调节器方程可解性的假设。

假设 5.4 存在光滑函数 $\pi_i(s)$,使得 $h_i(\pi_i(s),s)\equiv 0$ 对任意 s 均成立。

定义 $u_i^*(s)=f_i(\pi_i(s),\mathrm{col}(s,0,\cdots,0))$,简单推导可知理想前馈项应为 $u_i^*(y^*)$。引入如下形式的内模补偿器:

$$\dot{\eta}_i=-\eta_i+u_i$$

并取 $u_i=\eta_i+\bar{u}_i$ 的形式。再进行坐标变换 $\bar{z}_i=z_i-\pi_i(x_i)$,$\boldsymbol{\chi}_i=\mathrm{col}(y_i-x_i,\dot{y}_i,\cdots,y_i^{(n-2)})$,$\xi_i=k_0(y_i-x_i)+k_1\dot{y}_i+\cdots+k_{n-2}y_i^{(n-2)}+y_i^{(n-1)}$,可得到增广多智能体系统的动力学方程如下:

$$\dot{\eta}_i=\bar{u}_i$$

$$\dot{\bar{z}}_i=h_i(z_i,y_i)-\frac{\mathrm{d}\pi_i}{\mathrm{d}x_i}\dot{x}_i$$

$$\dot{\chi}_i=\boldsymbol{A}\chi_i-\boldsymbol{b}_1\dot{x}_i+\boldsymbol{b}_2\zeta_i$$

$$\dot{\xi}_i=k_0\dot{y}_i+k_1y_i^{(2)}+\cdots+k_{n-2}y_i^{(n-1)}+f_i(z_i,\boldsymbol{y}_i)-k_0\dot{x}_i+\eta_i+\bar{u}_i$$

其中 $\boldsymbol{A}=\begin{bmatrix}0 & \boldsymbol{I}_{n-2}\\ -k_0 & [-k_1\cdots-k_{n-2}]\end{bmatrix}$,$\boldsymbol{b}_1=\mathrm{col}(1,0,\cdots,0)$,$\boldsymbol{b}_2=\mathrm{col}(0,\cdots,0,1)$。至此,下文只需考虑上述含扰动的增广多智能体系统的镇定控制问题即可。

为了保证上述问题的可解性,需要对系统动态不确定性做额外假设。

假设 5.5 存在一个可微 Lyapunov 函数 $\bar{V}_i(\bar{z}_i)$ 满足如下条件:

$$\underline{\alpha}_i(\|\bar{z}_i\|)\leqslant\bar{V}_i(\bar{z}_i)\leqslant\bar{\alpha}_i(\|\bar{z}_i\|)$$

$$\dot{\bar{V}}_i(\bar{z}_i) \leqslant -\|\bar{z}_i\|^2 + \sigma_{i1}(\|\zeta_i\|)\|\zeta_i\|^2 + \sigma_{i2}(\|\chi_i\|)\|\chi_i\|^2 + \sigma_{i3}(\|x_i\|)\|\dot{x}_i\|^2$$

其中 $\underline{\alpha}_i, \bar{\alpha}_i$ 是 $\mathcal{K}_\infty$ 类函数，光滑函数 $\sigma_{i1}, \sigma_{i2}, \sigma_{i3} > 1$。

注记 5.3 该条件本质上是为了保证动态不确定性部分的稳定性。尽管看上去有些复杂，但可以验证若上一节的假设 5.3 成立，则该条件是自然满足的。

下面是本节的主要结论。

定理 5.2 若假设 5.1、假设 5.2、假设 5.4 和假设 5.5 成立，则存在合适的光滑正函数 $\rho_i(\zeta_i)$ 和如下形式的分布式算法以保证多智能体系统〔式(5.1)所示〕实现最优一致性：

$$\begin{aligned} u_i &= -\rho_i(\zeta_i)\zeta_i + \eta_i \\ \dot{\eta}_i &= -\eta_i + u_i \\ \dot{x}_i &= -\sum_{j=1}^{N} a_{ij}(\lambda_i - \lambda_j) - \nabla c_i(x_i) \\ \dot{\lambda}_i &= \sum_{j=1}^{N} a_{ij}(x_i - x_j) \end{aligned} \tag{5.4}$$

证明： 为证明该定理，只需做变量替换 $\bar{\eta}_i = \eta_i - u_i^*(x_i) - \zeta_i$ 即可得到如下系统：

$$\dot{\bar{\eta}}_i = -\bar{\eta}_i - [k_0\dot{y}_i + k_1 y_i^{(2)} + \cdots + k_{n-2}y_i^{(n-1)} + f_i(z_i, \boldsymbol{y}_i) - u_i^*(x_i)] + \zeta_i - \left[\frac{\mathrm{d}u_i^*}{\mathrm{d}x_i} - k_0\right]\dot{x}_i$$

$$\dot{\bar{z}}_i = h_i(z_i, y_i) - h_i(\pi_i(y_i), y_i) - \frac{\mathrm{d}\pi_i}{\mathrm{d}x_i}\dot{x}_i$$

$$\dot{\chi}_i = \boldsymbol{A}\chi_i - \boldsymbol{b}_1\dot{x}_i + \boldsymbol{b}_2\zeta_i$$

$$\dot{\zeta}_i = k_0\dot{y}_i + k_1 y_i^{(2)} + \cdots + k_{n-2}y_i^{(n-1)} + f_i(z_i, \boldsymbol{y}_i) - u_i^*(x_i) - \zeta_i + \bar{\eta}_i + \bar{u}_i - k_0\dot{x}_i$$

利用最优信号生成器的收敛性和假设 5.5，可以验证 $\mathrm{col}(\bar{\eta}_i, \bar{z}_i, \chi_i)$-子系统仍然满足与假设 5.5 类似的稳定性条件。然后仿照第 4.3 节定理 4.2 的证明步骤，使用变供给函数技术，即可确定恰当的函数 ρ_i 并完成证明。

注记 5.4 定理 5.2 设计的控制器中需要用到输出的各阶导数，本质上属于部分状态反馈的控制器。后续章节将会介绍如何使用高增益观测器等进一步将条件变弱，设计仅需智能体的输出信号的输出反馈最优一致性算法。

5.4 仿真实例

本节利用数值仿真来验证上述算法的有效性。由于内模方法下文还会详细讨论，此处仅考虑基于动态估计器的分布式设计。

考虑如下四个受控 FitzHugh-Nagumo 振子：

$$\begin{aligned}\dot{z}_i &= -\sigma_i z_i + b_i y_i \\ \dot{y}_i &= y_i(a_i - y_i)(y_i - 1) - z_i + u_i, i = 1, \cdots, 4\end{aligned} \tag{5.5}$$

它们正好是式(5.1)所示系统的形式，其中 z_i 对应动态不确定性部分。

取与第 4 章仿真实例中相同的通信拓扑和目标函数，可验证假设 5.1 至假设 5.3 均成立。因此，可利用定理 5.1 求解该多智能体系统的最优一致性问题。

实际上，相应的控制器可取成如下形式：

$$u_i = -y_i(a_i - y_i)(y_i - 1) + \xi_i - k_0(y_i - x_i)$$

$$\dot{\xi}_i = -\sigma_i \xi_i + b_i y_i$$

$$\dot{x}_i = -\sum_{j=1}^{N} a_{ij}(\lambda_i - \lambda_j) - \nabla c_i(x_i)$$

$$\dot{\lambda}_i = \sum_{j=1}^{N} a_{ij}(x_i - x_j)$$

其中 k_0 是一可选的正常数。

在仿真中取系统参数 $a_i = b_i = \sigma_i = 1$，并令控制器增益 $k_0 = 5$，其他所有初始值均为随机生成的。图 5-1 和 5-2 展示了最后的仿真效果。其中图 5-1 为动态估计器估计误差的演化曲线，图 5-2 为各智能体输出的演化曲线。从图 5-1 和图 5-2 可知，动态不确定性的估计误差很快收敛到了零，智能体的输出也最终收敛到全局最优解。这些仿真结果验证了基于动态估计器的最优一致性算法的有效性。

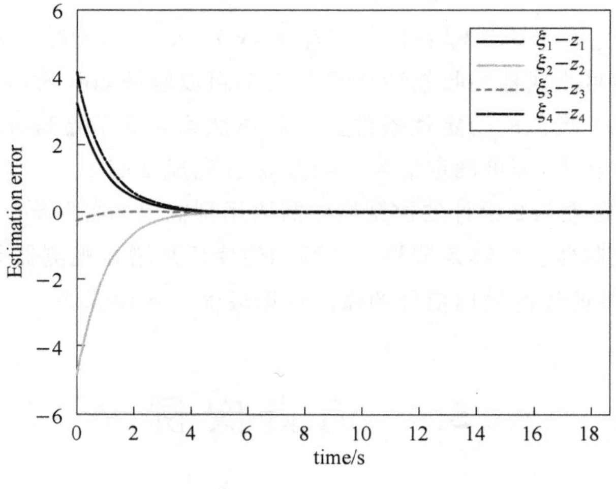

图 5-1　动态估计器估计误差的演化曲线

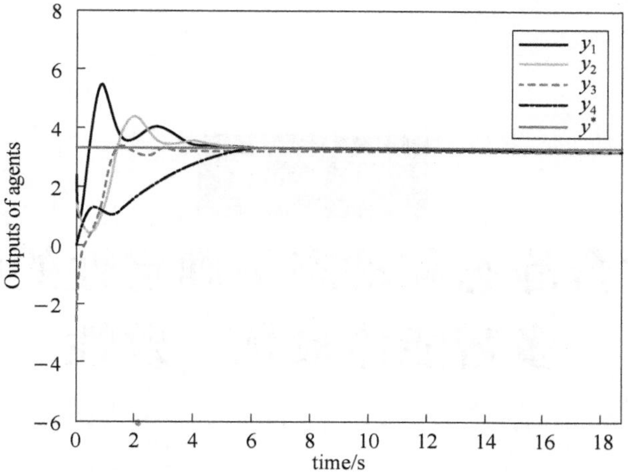

图 5-2 各智能体输出的演化曲线

本章小结

本章研究了一类含动态不确定性的高阶多智能体最优一致性问题。结合上文的最优信号发生算法，本章基于动态估计器和内模等方法改造了原接口函数，最终获得了两种不同的最优一致性算法，并用理论分析和仿真实例验证了算法的有效性，为进一步考虑同时含静态和动态不确定性的复杂多智能体系统协同问题奠定了基础。

第6章

同时含静态和动态不确定性的线性多智能体最优一致性

前面两章分别讨论了含静态或动态不确定性的高阶多智能体系统，并分别提出几种典型的补偿机制来实现最优一致性问题，本章将针对同时含静态和动态不确定性的线性多智能体系统，给出可行的分布式算法以求解其相应最优一致性问题。

6.1 问题描述

考虑具有一般线性动力学的高阶多智能体系统：

$$\begin{aligned}\dot{z}_i &= \boldsymbol{A}_0(w)z_i + b_0(w)y_i \\ \dot{y}_i^{(n)} &= \boldsymbol{A}_1(w)z_i + \boldsymbol{A}_2(w)\boldsymbol{y}_i + b_1(w)u_i\end{aligned} \tag{6.1}$$

其中 y_i 是智能体的决策输出，$\boldsymbol{y}_i=\mathrm{col}(y_1,\cdots,y_i^{(n-1)})$ 表示输出的各阶导数，$z_i\in\mathbb{R}^{n_z}$ 代表系统的动态不确定性，而 $w\in W\subset\mathbb{R}^{n_w}$ 是系统动力学中的不确定性参数，W 是一个包含静态不确定参数所有可能取值的紧集。与前文类似，我们继续考虑该不确定多智能体系统的最优一致性问题。注意到，此时智能体的动力学中同时包括动态不确定性和静态不确定性，其设计难度显然比单独考虑其中之一要高很多。

首先给出一些基本假设。

假设 6.1 函数 c_i 是充分光滑的，且存在两个常数 $\underline{l}$ 和 $\bar{l}$ 使得 $\underline{l}\leqslant\nabla c_i(s)\leqslant\bar{l}$

对任意 $s\in\mathbb{R}$ 均成立。

假设 6.2 图 $\mathcal{G}$ 是强连通的有向平衡图。

假设 6.3 对任意 $w\in\boldsymbol{W}$，矩阵 $\boldsymbol{A}_0(w)$是 Hurwitz 的，并且 $b_1(w)>0$。

注记 6.1 假设 6.1 的内容与前文相同，假设 6.2 假定多智能体之间的通信拓扑是有向平衡图，这是对无向连通图的推广。假设 6.3 描述了本章考虑的动态不确定性需满足的条件，与假设 5.3 的内容保持一致。

注记 6.2 式(6.1)所示的系统模型看似特殊，实则可包含一大类高阶动力学。事实上，可证明任意单输入-单输出的不确定最小相位系统都能写成以上形式。其中 $b_1(w)$在很多文献中被称为高频增益系数，表示施加控制的方向。此处，我们假定静态参数不确定性可能改变该系数的大小，但不会改变其方向。下面将会单独考虑控制方向未知时的最优一致性问题。

若 $w=0$，则系统矩阵均是已知的，即不存在静态不确定性。此时可利用 5.2 节或参考文献[115]中的方法来补偿动态不确定性，进而构造其最优一致性算法。另外，如果系统仅存在静态不确定性，那么 4.1 节的方法依然有效。因此该问题的难度就在于静态不确定性和动态不确定性同时存在并且耦合在一起。

由于这里智能体之间的拓扑关系是有向平衡图，在第 3 章至第 5 章使用的决策层算法不再适用。为此，下面引入一种新的最优一致性算法：

$$\begin{aligned}\dot{x}_i &= -\alpha\,\nabla c_i(x_i)-\beta\sum_{j=1}^{N}a_{ij}(x_i-x_j)+\sum_{j=1}^{N}a_{ij}(v_i-v_j)\\ \dot{v}_i &= \alpha\beta\sum_{j=1}^{N}a_{ij}(z_i-z_j)\end{aligned}\tag{6.2}$$

其中 α,β 是待定正常数。令 $\mathrm{Sym}(\boldsymbol{L})=(\boldsymbol{L}+\boldsymbol{L}^{\mathrm{T}})/2$，根据假设 6.2，该矩阵是对称半正定的，并且只有一个零特征值，记其最大和最小正特征根分别为 λ_N 和 λ_2。

上述算法的有效性可归纳如下。

引理 6.1 若假设 6.3 成立，并取 $\alpha\geqslant\max\left\{1,\dfrac{1}{\underline{l}},\dfrac{2\bar{l}^2}{\underline{l}\lambda_2}\right\}$，$\beta>\max\left\{1,\dfrac{1}{\lambda_2},\dfrac{6\alpha^2\lambda_N^2}{\lambda_2^2}\right\}$，则对任意初始值 $x_i(0)$和 $v_i(0)$，相应的轨线 $z_i(t)$指数收敛到 y^*。换句话说，存在两个正常数 c_1,c_2，对任意初始值和时间 $t>0$，满足 $\|x_i(t)-y^*\|\leqslant c_1e^{-c_2t}$。

证明：该引理的证明思路与定理 3.2 类似，区别在于 Lyapunov 函数的取法。这里只给出大致的证明思路，具体细节可以参考文献[118]和[129]。

令 $\boldsymbol{x}=\mathrm{col}(x_1,\cdots,x_N)$，$\boldsymbol{v}=\mathrm{col}(v_1,\cdots,v_N)$，将算法写成如下紧凑形式：

$$\dot{\boldsymbol{x}}=-\alpha\nabla\hat{c}(\boldsymbol{x})-\beta\boldsymbol{L}\boldsymbol{x}-\boldsymbol{L}\boldsymbol{v}$$

$$\dot{\boldsymbol{v}}=\alpha\beta\boldsymbol{L}\boldsymbol{x}$$

与定理 3.2 的证明类似，首先可验证在该系统任一平衡点 $\mathrm{col}(\boldsymbol{x}^*,\boldsymbol{v}^*)$ 处，$\boldsymbol{x}^*$ 恰好达到最优解，然后做坐标变换，可得到如下形式的降阶系统：

$$\dot{\bar{\boldsymbol{z}}}_1=-\alpha\boldsymbol{r}_N^{\mathrm{T}}\prod$$

$$\dot{\bar{\boldsymbol{z}}}_2=-\alpha\boldsymbol{R}_N^{\mathrm{T}}\prod-\beta\boldsymbol{R}_N^{\mathrm{T}}\boldsymbol{L}\boldsymbol{R}_N\bar{\boldsymbol{z}}_2+\alpha\boldsymbol{R}_N^{\mathrm{T}}\boldsymbol{L}\boldsymbol{R}_N\bar{z}_2-\boldsymbol{R}_N^{\mathrm{T}}\boldsymbol{L}\boldsymbol{R}_N\bar{\boldsymbol{v}}_2$$

$$\dot{\bar{\boldsymbol{v}}}_2=-\alpha\boldsymbol{R}_N^{\mathrm{T}}\boldsymbol{L}\boldsymbol{R}_N\bar{\boldsymbol{v}}_2+\alpha^2\boldsymbol{R}_N^{\mathrm{T}}\boldsymbol{L}\boldsymbol{R}_N\bar{\boldsymbol{z}}_2-\alpha^2\boldsymbol{R}_N^{\mathrm{T}}\prod$$

其中 $\prod(\bar{\boldsymbol{x}},\boldsymbol{x}^*)\triangleq\nabla\hat{c}(\boldsymbol{x})-\nabla\hat{c}(\boldsymbol{x}^*)$。至此，只需选择如下备择 Lyapunov 函数：

$$W_{\mathrm{o}}(\bar{\boldsymbol{z}}_1,\bar{\boldsymbol{z}}_2,\bar{\boldsymbol{v}}_2)=\frac{1}{2}\|\bar{\boldsymbol{z}}_1\|^2+\frac{1}{2}\|\bar{\boldsymbol{z}}_2\|^2+\frac{1}{2\alpha^3}\|\bar{\boldsymbol{v}}_2\|^2$$

对其求导并连续使用 Young 不等式放缩交叉项可得

$$\dot{W}_{\mathrm{o}}\leqslant-\frac{1}{2}W_{\mathrm{o}}$$

根据文献[117]的定理 4.10，作为时间 t 函数的 $W_{\mathrm{o}}(\bar{\boldsymbol{z}}_1(t),\bar{\boldsymbol{z}}_2(t),\bar{\boldsymbol{v}}_2(t))$ 将指数收敛到 0。再由 $\boldsymbol{z}-\boldsymbol{1}_Ny^*=\boldsymbol{r}_N\bar{z}_1+\boldsymbol{R}_N\bar{z}_2$ 即可验证本定理的结论。证毕。

下面，将首先假定输出的各阶导数 $\boldsymbol{y}_i$ 是已知的，设计部分状态反馈控制算法求解该问题，然后结合高增益观测器将其推广到仅使用决策输出的情形。

6.2 部分状态反馈最优一致性算法

假定输出的各阶导数 $\boldsymbol{y}_i$ 是已知的，尽管式(6.1)所示多智能体的动力学与第 5 章的系统动力学类似，但不确定性 w 的存在导致本章无法直接使用第 5 章提出的估计器方法。因此，本章考虑基于内模的方法来改造接口函数。

令 $e_i=y_i-x_i$ 为局部跟踪误差。对线性系统来说，其内模退化为积分器，可直接引入如下形式的积分补偿器：

$$\dot{\xi}_{i0}=e_i$$

考虑如下形式的分布式算法：

$$u_i = -\varepsilon[k_0\xi_{i0} + k_1(y_i - x_i) + k_2\dot{y}_i + \cdots + k_{n-1}y_i^{(n-2)} + y_i^{(n-1)}]$$

$$\dot{\xi}_{i0} = y_i - x_i$$

$$\dot{x}_i = -\alpha\nabla c_i(x_i) - \beta\sum_{j=1}^{N} a_{ij}(x_i - x_j) + \sum_{j=1}^{N} a_{ij}(v_i - v_j) \tag{6.3}$$

$$\dot{v}_i = \alpha\beta\sum_{j=1}^{N} a_{ij}(z_i - z_j)$$

其中 $k_0,\cdots,k_{n-1}$ 是使多项式 $k_0+k_1s+k_2s^2+k_{n-1}s^{n-1}+s^n$ 稳定的控制器参数，α 和 β 选择如上，高增益参数 $\varepsilon>0$ 待定。

下面的定理是本节的主要结论。

定理 6.1 若假设 6.1 至假设 6.3 成立，则存在充分的参数 $\varepsilon^*>0$，使得形如式(6.3)的分布式算法可保证式(6.1)所示多智能体系统的最优一致性。

证明： 为证明该定理，首先记 $U(w) = -\boldsymbol{b}_1^{-1}(w)[\boldsymbol{A}_1(w)\boldsymbol{A}_0^{-1}(w)\boldsymbol{b}_0(w) + \boldsymbol{A}_2(w)E]$，$E=\mathrm{diag}(1,0,\cdots,0)$，并引入如下坐标变换

$$\bar{x}_i^0 = x_{i0} + \boldsymbol{A}_0^{-1}(w)\boldsymbol{b}_0(w)x_i$$

$$\bar{\xi}_{i0} = \xi_{i0} + \frac{U(w)x_i}{\varepsilon k_1}$$

$$\bar{\xi}_{i1} = e_{vi},\ \bar{\xi}_{ir} = \xi_{ir},\ \bar{\xi}_i = \mathrm{col}(\bar{\xi}_{i1},\cdots,\bar{\xi}_{im}),\quad r = 2,\cdots,n$$

$$\sigma_i = \sum_{j=1}^{n} k_j\bar{\xi}_{ij-1} + \bar{\xi}_{in}$$

$$\bar{\xi}_{ie} = \mathrm{col}(\bar{\xi}_{i0},\cdots,\bar{\xi}_{in-1})$$

通过简单的数学推导，可得到如下形式的误差系统：

$$\dot{\bar{\boldsymbol{x}}}_{i0} = \boldsymbol{A}_0(w)\bar{x}_{i0} + \boldsymbol{b}_0(w)\bar{\xi}_{i1} + \boldsymbol{D}_x(w)\dot{x}_i$$

$$\dot{\bar{\xi}}_{ie} = \bar{\boldsymbol{A}}_0\bar{\xi}_{ie} + \bar{\boldsymbol{b}}_0\sigma_i + \boldsymbol{D}_\xi(w)\dot{x}_i$$

$$\dot{\sigma}_i = \boldsymbol{A}_1(w)\bar{x}_{i0} + \bar{\boldsymbol{A}}_2(w)\bar{\xi}_{ie} + \bar{\boldsymbol{A}}_3(w)\sigma_i + D_\sigma(w)\dot{x}_i + \boldsymbol{b}_1(w)[u_i - U(w)x_i]$$

其中各符号定义如下：

$$\bar{\boldsymbol{A}}_0 = \begin{bmatrix} \boldsymbol{0}_{n-1} & \boldsymbol{I}_{n-1} \\ -k_1 & [-k_2\cdots-k_n] \end{bmatrix},\quad \bar{\boldsymbol{b}}_0 = \begin{bmatrix} \boldsymbol{0}_{n-1} \\ 1 \end{bmatrix}$$

$$\bar{\boldsymbol{A}}_2(w) = \boldsymbol{A}_2(w)\bar{\boldsymbol{A}}_0 - k_n[k_1k_2 - \frac{k_1}{k_n}\cdots k_n - \frac{k_{n-1}}{k_n}],\ \bar{\boldsymbol{A}}_3(w) = \boldsymbol{A}_2(w)\bar{\boldsymbol{b}}_0 + k_n$$

$$\boldsymbol{D}_\xi(w) = \begin{bmatrix} \frac{U(w)}{\varepsilon k_1} \\ -1 \\ \boldsymbol{0}_{n-2} \end{bmatrix},\ \boldsymbol{D}_x(w) = \boldsymbol{A}_0^{-1}(w)\boldsymbol{b}_0(w),\ D_\sigma(w) = \frac{U(w)}{\varepsilon} - k_2$$

将控制器代入误差系统可得如下形式的闭环系统：

$$\dot{\bar{\boldsymbol{x}}}_{i0}=\boldsymbol{A}_0(w)\bar{x}_{i0}+\boldsymbol{b}_0(w)\bar{\boldsymbol{\xi}}_{i1}+\boldsymbol{D}_x(w)\dot{x}_i$$

$$\dot{\bar{\boldsymbol{\xi}}}_{ie}=\bar{\boldsymbol{A}}_0\bar{\boldsymbol{\xi}}_{ie}+\bar{\boldsymbol{b}}_0\sigma_i+\boldsymbol{D}_\xi(w)\dot{x}_i$$

$$\dot{\sigma}_i=\boldsymbol{A}_1(w)\bar{x}_{i0}+\bar{\boldsymbol{A}}_2(w)\bar{\boldsymbol{\xi}}_{ie}+[\bar{\boldsymbol{A}}_3(w)-\varepsilon\boldsymbol{b}_1(w)]\sigma_i+\boldsymbol{D}_\sigma(w)\dot{x}_i$$

$$\dot{x}_i=-\alpha\nabla c_i(x_i)-\beta\sum_{j=1}^N a_{ij}(x_i-x_j)+\sum_{j=1}^N a_{ij}(v_i-v_j)$$

$$\dot{v}_i=\alpha\beta\sum_{j=1}^N a_{ij}(z_i-z_j)$$

记 $\bar{x}_i\triangleq\mathrm{col}(\bar{\boldsymbol{x}}_{i0},\bar{\boldsymbol{\xi}}_{ie},\sigma_i)$，以下将分两步给出详细证明。

第一步：证明当 ε 充分大时，$\bar{x}_i$ 子系统关于输入 $\dot{x}_i$ 是输入-状态稳定的。

由于矩阵 $\boldsymbol{A}_0(w)$ 和 $\bar{\boldsymbol{A}}_0$ 都是 Hurwitz 的，对任意固定的 $w\in\mathcal{W}$，一定存在正定阵 $\boldsymbol{P}_0,\boldsymbol{P}_1$ 满足 Lyapunov 方程：

$$\boldsymbol{A}_0^{\mathrm{T}}(w)\boldsymbol{P}_0(w)+\boldsymbol{P}_0(w)\boldsymbol{A}_0(w)=-2\boldsymbol{I}_{n-n_z},\boldsymbol{A}_1^{\mathrm{T}}\boldsymbol{P}_1+\boldsymbol{P}_1\boldsymbol{A}_1=-2\boldsymbol{I}_n$$

取 $V_i(\bar{x}_i)=\bar{\boldsymbol{x}}_{i0}^{\mathrm{T}}\boldsymbol{P}_0(w)\bar{\boldsymbol{x}}_{i0}+\hat{\varepsilon}\bar{\boldsymbol{\xi}}_{ie}^{\mathrm{T}}\boldsymbol{P}_1\bar{\xi}_{ie}+\sigma_i^2$，其中 $\hat{\varepsilon}>0$ 是待定参数。沿闭环系统状态轨线对其求时间导数可知：

$$\begin{aligned}\dot{V}_i=&2\bar{\boldsymbol{x}}_{i0}^{\mathrm{T}}\boldsymbol{P}_0(w)[\boldsymbol{A}_0(w)\bar{\boldsymbol{x}}_{i0}+\boldsymbol{b}_0(w)\bar{\boldsymbol{\xi}}_{i1}+\boldsymbol{D}_x(w)\dot{x}_i]+2\hat{\varepsilon}\bar{\boldsymbol{\xi}}_{ie}^{\mathrm{T}}\boldsymbol{P}_1[\bar{\boldsymbol{A}}_0\bar{\boldsymbol{\xi}}_{ie}+\bar{\boldsymbol{b}}_0\sigma_i+\\&\boldsymbol{D}_\xi(w)\dot{x}_i]+2\sigma_i\boldsymbol{A}_1(w)\bar{\boldsymbol{x}}_{i0}+2\sigma_i\{\bar{\boldsymbol{A}}_2(w)\bar{\boldsymbol{\xi}}_{ie}+[\bar{\boldsymbol{A}}_3(w)-\varepsilon\boldsymbol{b}_1(w)]\sigma_i+\boldsymbol{D}_\sigma(w)\dot{x}_i\}\\=&-2\bar{\boldsymbol{x}}_{i0}^{\mathrm{T}}\bar{\boldsymbol{x}}_{i0}+2\bar{\boldsymbol{x}}_{i0}^{\mathrm{T}}\boldsymbol{P}_0(w)\boldsymbol{b}_0(w)\bar{\boldsymbol{\xi}}_{i1}+2\bar{\boldsymbol{x}}_{i0}^{\mathrm{T}}\boldsymbol{P}_0(w)\boldsymbol{D}_x(w)\dot{x}_i-2\hat{\varepsilon}\bar{\boldsymbol{\xi}}_{ie}^{\mathrm{T}}\bar{\boldsymbol{\xi}}_{ie}+\\&2\hat{\varepsilon}\bar{\boldsymbol{\xi}}_{ie}^{\mathrm{T}}\boldsymbol{P}_1\bar{\boldsymbol{b}}_0\sigma_i+2\hat{\varepsilon}\bar{\boldsymbol{\xi}}_{ie}^{\mathrm{T}}\boldsymbol{P}_1\boldsymbol{D}_\xi(w)\dot{x}_i+2\sigma_i\boldsymbol{A}_1(w)\bar{\boldsymbol{x}}_{i0}+2[\bar{\boldsymbol{A}}_3(w)-\varepsilon\boldsymbol{b}_1(w)]\sigma_i^2+\\&2\sigma_i\bar{\boldsymbol{A}}_2(w)\bar{\boldsymbol{\xi}}_{ie}+2\sigma_i\boldsymbol{D}_\sigma(w)\dot{x}_i\end{aligned}$$

使用 Young 不等式，对交叉项进一步放缩可得

$$\begin{aligned}\dot{V}_i\leqslant&-\frac{1}{2}\|\bar{\boldsymbol{x}}_{i0}\|^2-\left(\frac{\hat{\varepsilon}}{2}-2\|\boldsymbol{P}_0(w)\boldsymbol{b}_0(w)\|^2\right)\|\bar{\boldsymbol{\xi}}_{ie}\|^2-\\&2[\varepsilon\boldsymbol{b}_1(w)-\hat{\varepsilon}\|\boldsymbol{P}_1\bar{\boldsymbol{b}}_0\|^2-\Xi_{i\sigma}(w)-1]\sigma_i^2+\Xi_{iz}(w)\|\dot{x}_i\|^2\end{aligned}$$

其中

$$\Xi_{i\sigma}(w)\triangleq\bar{\boldsymbol{A}}_3(w)-\hat{\varepsilon}\|\boldsymbol{P}_1\bar{\boldsymbol{b}}_0\|^2-\|\boldsymbol{A}_1(w)\|^2-\frac{1}{\hat{\varepsilon}}\|\bar{\boldsymbol{A}}_2(w)\|^2$$

$$\Xi_{iz}(w)\triangleq2[\|\boldsymbol{P}_0(w)\boldsymbol{D}_x(w)\|^2+\hat{\varepsilon}\|\boldsymbol{P}_1\boldsymbol{D}_\xi(w)\|^2+\|\boldsymbol{D}_\sigma(w)\|^2]$$

若选择参数满足如下条件：

$$\hat{\varepsilon}\geqslant 4\max_{w\in\mathbb{W}}\{\|\boldsymbol{P}_0(w)\boldsymbol{b}_0(w)\|^2\}+1,\quad \varepsilon\geqslant\frac{\max_{w\in\mathbb{W}}\Xi_{iz}(w)+\hat{\varepsilon}\|\boldsymbol{P}_1\bar{\boldsymbol{b}}_0\|^2+2}{\min_{w\in\mathbb{W}}\{\boldsymbol{b}_1(w)\}}$$

代回上式可得到

$$\dot{V}_i\leqslant-\frac{1}{2}\|\bar{\boldsymbol{x}}_{i0}\|^2-\|\bar{\boldsymbol{\xi}}_{ie}\|^2-2\sigma_i^2+\Xi_{iz}(w)\|\dot{z}_i\|^2$$

这意味着存在 $\bar{c}_1,\bar{c}_2>0$ 满足

$$\dot{V}_i\leqslant-\bar{c}_1V_i+\bar{c}_2\|\dot{z}_i\|^2$$

换句话说，$\bar{x}_i$ 子系统关于输入 $\dot{z}_i$ 确实是输入-状态稳定的。

第二步：证明问题的可解性。注意到 $\dot{z}_i$ 作为函数来说是关于 $\mathrm{col}(\bar{z},\bar{v})$ 全局 Lipschitz 的，与此同时，当 $t\to\infty$ 时，$x_i(t)$ 和 $\dot{x}_i(t)$ 分别指数收敛到 y^* 和 0。利用这些事实，直接求解上述微分不等式可得

$$V_i(t)\leqslant e^{-\bar{c}_1(t-t_0)}V_i(t_0)+\bar{c}_2\int_{t_0}^{t}e^{-\bar{c}_1(t-\tau)}\|\dot{x}_i(\tau)\|^2\mathrm{d}\tau$$

则 $V_i(t),\bar{x}_i(t),\bar{\xi}_{i1}(t)$ 均指数收敛到 0。再由三角不等式 $|y_i-y^*|\leqslant|y_i-x_i|+|x_i-y^*|$，即可得到结论。证毕。

注记 6.3 定理 6.1 给出了一种处理同时含静态和动态不确定性的多智能体系统的最优一致性算法，即借助于分层设计，将原问题转化为鲁棒接口函数的构造问题，然后统一使用内模原理直接重构理想前馈项。值得指出的是，这里并不要求未知参数是充分小的，因此相应算法并非只在结构稳定的意义下才有效，鲁棒性更强。

6.3 基于高增益观测器的输出反馈设计

上一节设计了基于部分状态反馈的最优一致性算法。本节将考虑仅利用智能体量测输出的最优一致性算法设计问题。

受文献[130,131]启发，引入如下形式的高增益观测器：

$$\dot{\chi}_{ir}=\chi_{ir+1}-l_r(\chi_{i1}-y_i),\quad r=1,\cdots,n-1$$

$$\dot{\chi}_{in}=-l_n(\chi_{i1}-y_i)$$

其中增益参数为 $l_r=\gamma^r k_{n-r+1}$，而 $\gamma>0$ 是待定参数。

将该观测器与上一节的鲁棒接口函数结合即可得到如下结论。

定理 6.2 若假设 6.1 至假设 6.3 成立，则存在合适的常数 $k_0,\cdots,k_{n-1},\alpha,\beta$ 和

充分大的 $\varepsilon>0$ 使得多智能体系统的最优一致性可通过如下形式的控制器实现：

$$\begin{aligned}
u_i &= -\varepsilon[k_0\xi_{i0}+k_1(y_i-x_i)+k_2\chi_{i2}+\cdots+k_{n-1}\chi_{i(n-1)}+\chi_{in}]\\
\dot{\xi}_{i0} &= y_i-x_i\\
\dot{\chi}_{ir} &= \chi_{i(r+1)}-l_r(\chi_{i1}-y_i),\quad r=1,\cdots,n-1\\
\dot{\chi}_{im} &= -l_m(\chi_{i1}-y_i)\\
\dot{x}_i &= -\alpha\nabla f_i(x_i)-\beta\sum_{j=1}^{N}a_{ij}(x_i-x_j)+\sum_{j=1}^{N}a_{ij}(v_i-v_j)\\
\dot{v}_i &= \alpha\beta\sum_{j=1}^{N}a_{ij}(x_i-x_j)
\end{aligned}\tag{6.4}$$

证明：该定理的证明与上一节类似，只不过在处理观测信号时要格外注意二者之间的误差，并将它们纳入到参数 ε 的选择中。

记 $\bar{\chi}_{ir}=\chi_{ir}-\xi_{ir}$，可将观测器部分写成如下形式：

$$\dot{\bar{\chi}}_{ir}=\bar{\chi}_{i(r+1)}-l_r\bar{\chi}_{i1},\quad r=1,\cdots,n-1$$

$$\dot{\bar{\chi}}_{in}=-l_n\bar{\chi}_{i1}-\boldsymbol{A}_1(w)x_{i0}-\boldsymbol{A}_2(w)\boldsymbol{\xi}_i-\boldsymbol{b}_1(w)u_i$$

将控制器形式代入可得：

$$\dot{\bar{\chi}}_{ir}=\bar{\chi}_{i(r+1)}-l_r\bar{\chi}_{i1},\quad r=1,\cdots,n-1$$

$$\dot{\bar{\chi}}_{in}=-l_n\bar{\chi}_{i1}-\Delta_i-\boldsymbol{b}_1(w)\bar{u}_i$$

其中 $\Delta_i\triangleq\boldsymbol{A}_1(w)\bar{x}_{i0}+\boldsymbol{A}_2(w)\bar{\xi}_i-\varepsilon\boldsymbol{b}_1(w)\sigma_i$，$\bar{u}_i\triangleq-\varepsilon(k_2\bar{\chi}_{i2}+\cdots+k_{n-1}\bar{\chi}_{i(n-1)}+\bar{\chi}_{in})$。

若令 $\hat{\chi}_{ir}=\gamma^{n-r}\bar{\chi}_{ir}$，$r=1,\cdots,n$，则可将观测器误差系统重写为

$$\dot{\hat{\chi}}_{ir}=\gamma(-k_{m-r+1}\bar{\chi}_{i1}+\hat{\chi}_{i(r+1)}),\quad r=1,\cdots,n-1$$

$$\dot{\hat{\chi}}_{in}=-\gamma k_0\ \bar{\chi}_{i1}-[\Delta_i+\boldsymbol{b}_1(w)\bar{u}_i]$$

或者直接写成如下紧凑形式

$$\dot{\hat{\chi}}_i=\gamma\boldsymbol{A}_\chi\hat{\chi}_i-\boldsymbol{b}_\chi[\Delta_i+\boldsymbol{b}_1(w)\bar{u}_i]$$

其中

$$\boldsymbol{A}_\chi=\begin{bmatrix}-\boldsymbol{p}_\chi & \boldsymbol{I}_{n-1}\\ -k_0 & \boldsymbol{0}_{n-1}\end{bmatrix},\boldsymbol{b}_\chi=\begin{bmatrix}\boldsymbol{0}_{n-1}\\ 1\end{bmatrix},\boldsymbol{p}_\chi=\mathrm{col}(k_{n-1},\cdots,k_1)$$

此时的跟踪误差满足

$$\dot{\bar{\boldsymbol{x}}}_{i0}=\boldsymbol{A}_0(w)\bar{x}_{i0}+\boldsymbol{b}_0(w)\bar{\xi}_{i1}+\boldsymbol{D}_x(w)\dot{x}_i$$

$$\dot{\bar{\boldsymbol{\xi}}}_{ie}=\bar{\boldsymbol{A}}_0\bar{\boldsymbol{\xi}}_{ie}+\bar{\boldsymbol{b}}_0\sigma_i+\boldsymbol{D}_\xi(w)\dot{x}_i$$

$$\dot{\sigma}_i=\boldsymbol{A}_1\bar{x}_{i0}+\bar{\boldsymbol{A}}_2\bar{\boldsymbol{\xi}}_{ie}+[\bar{\boldsymbol{A}}_3-\varepsilon\boldsymbol{b}_1(w)]\sigma_i+\boldsymbol{b}_1(w)\bar{u}_i+\boldsymbol{D}_\sigma(w)\dot{x}_i$$

$$\dot{\hat{\chi}}_i=\gamma\boldsymbol{A}_\chi\hat{\boldsymbol{\chi}}_i-\gamma^{1-m}\boldsymbol{b}_\chi[\Delta_i+\boldsymbol{b}_1(w)\bar{u}_i]$$

选择上一节的参数 $k_0,\cdots,k_{n-1}$，并令 $W_i(\bar{x}_i,\hat{\chi}_i)=V_i(\bar{x}_i)+\hat{\boldsymbol{\chi}}_i^{\mathrm{T}}\boldsymbol{P}_\chi\hat{\boldsymbol{\chi}}_i$。其中 V_i 的定义与上一节相同，$\boldsymbol{P}_\chi$ 是 Lyapunov 方程 $\boldsymbol{A}_\chi^{\mathrm{T}}\boldsymbol{P}_\chi+\boldsymbol{P}_\chi\boldsymbol{A}_\chi=-2\boldsymbol{I}_n$ 的唯一正定解。显然，W_i是二次型并且是正定的。

简单推导可知，输出反馈〔式(6.4)所示〕下 V_i 沿系统状态轨线的 Lie 导数满足

$$\dot{V}_i\leqslant-\frac{1}{2}\|\bar{x}_{i0}\|^2-\|\bar{\boldsymbol{\xi}}_{ie}\|^2-2\sigma_i^2+2\sigma_i\boldsymbol{b}_1(w)\bar{u}_i+\Xi_{iz}(w)\|\dot{x}_i\|^2\leqslant$$

$$-\frac{1}{2}\|\bar{x}_{i0}\|^2-\|\bar{\boldsymbol{\xi}}_{ie}\|^2-\sigma_i^2+\|\boldsymbol{b}_1(w)\|^2\|\bar{u}_i\|^2+\Xi_{iz}(w)\|\dot{x}_i\|^2$$

进一步利用集合 W 的紧性，可找到常数 $\hat{c}_1,\hat{c}_2,\hat{c}_3>0$，满足

$$\dot{V}_i\leqslant-\hat{c}_1V_i+\hat{c}_2\|\bar{u}_i\|^2+\hat{c}_3\|\dot{x}_i\|^2$$

求函数 W_i 关于时间的导数，并将上式代入可得

$$\dot{W}_i=\dot{V}_i+2\hat{\boldsymbol{\chi}}_i^{\mathrm{T}}\boldsymbol{P}_\chi\{\gamma\boldsymbol{A}_\chi\hat{\boldsymbol{\chi}}_i-\boldsymbol{b}_\chi[\Delta_i+\boldsymbol{b}_1(w)\bar{u}_i]\}\leqslant$$

$$-\hat{c}_1V_i-2\gamma\|\hat{\boldsymbol{\chi}}_i\|^2-2\hat{\boldsymbol{\chi}}_i^{\mathrm{T}}\boldsymbol{P}_\chi\boldsymbol{b}_\chi[\Delta_i+\boldsymbol{b}_1(w)\bar{u}_i]+\hat{c}_2\|\bar{u}_i\|^2+\hat{c}_3\|\dot{x}_i\|^2$$

接下来，用 Young 不等式处理交叉项。根据 Δ_i 的表达式，可找到常数 $l_1>0$ 满足$\|\Delta_i\|^2\leqslant l_1V_i^2$。那么，

$$\|2\hat{\boldsymbol{\chi}}_i^{\mathrm{T}}\boldsymbol{P}_\chi\boldsymbol{b}_\chi\Delta_i\|\leqslant\frac{2l_1}{\hat{c}_1}\|\boldsymbol{P}_\chi\boldsymbol{b}_\chi\|^2\|\hat{\boldsymbol{\chi}}_i\|^2+\frac{\hat{c}_1}{2l_1}\|\Delta_i\|^2\leqslant\frac{2l_1}{\hat{c}_1}\|\boldsymbol{P}_\chi\boldsymbol{b}_\chi\|^2\|\hat{\chi}_i\|^2+\frac{\hat{c}_1}{2}V_i^2$$

与此同时，注意到 $\bar{u}_i=-\varepsilon(k_2\gamma^{2-n}\hat{\chi}_{i2}+\cdots+k_n\gamma\hat{\chi}_{i(n-1)}+\hat{\chi}_{in})$，则对任意给定的 $\gamma>1$，可找到 $l_2>0$ 使$\|\bar{u}_i\|^2\leqslant l_2\|\hat{\boldsymbol{\chi}}_i\|^2$ 成立。由此可找到常数 $l_3>0$ 满足

$$\|2\hat{\boldsymbol{\chi}}_i^{\mathrm{T}}\boldsymbol{P}_\chi\boldsymbol{b}_\chi\boldsymbol{b}_1(w)\bar{u}_i\|\leqslant\|\bar{u}_i\|^2+\|\boldsymbol{P}_\chi\boldsymbol{b}_\chi\boldsymbol{b}_1(w)\|^2\|\hat{\boldsymbol{\chi}}_i\|^2\leqslant l_3\|\hat{\boldsymbol{\chi}}_i\|^2$$

将上述不等式分别代入 $\dot{W}_i$ 的不等式中得到

$$\dot{W}_i\leqslant-\hat{c}_1V_i-2\gamma\|\hat{\boldsymbol{\chi}}_i\|^2+\frac{2l_1}{\hat{c}_1}\|\boldsymbol{P}_\chi\boldsymbol{b}_\chi\|^2\|\hat{\boldsymbol{\chi}}_i\|^2+\frac{\hat{c}_1}{2}V_i^2+l_3\|\hat{\boldsymbol{\chi}}_i\|^2+\hat{c}_2\|\bar{u}_i\|^2+\hat{c}_3\|\dot{x}_i\|^2\leqslant$$

$$-\frac{\hat{c}_1}{2}V_i-\left(2\gamma-\hat{c}_2l_2-\frac{2l_1}{\hat{c}_1}\|\boldsymbol{P}_\chi\boldsymbol{b}_\chi\|^2-l_3\right)\|\hat{\chi}_2\|^2+\hat{c}_3\|\dot{x}_i\|^2$$

固定一个 γ 使其满足 $\gamma\geqslant\max\left\{1,3\hat{c}_2l_2,\frac{6l_1}{\hat{c}_1}\|\boldsymbol{P}_\chi\boldsymbol{b}_\chi\|^2,3l_3\right\}$，则下式成立

$$\dot{W}_i \leqslant -\frac{\hat{c}_1}{2} V_i - \| \hat{\boldsymbol{\chi}}_i \|^2 + \hat{c}_3 \| \dot{x}_i \|^2$$

至此,求解该微分不等式,并结合引理 6.1 和相关符号的定义,即可得到定理的结论。证毕。

注记 6.4 定理 6.1 和定理 6.2 考虑了同时含静态和动态不确定性的线性多智能体的最优一致性问题。与前几章的结论相比,这种设定更符合实际情况。另外,本章假定事先已知一个包含所有不确定性参数的紧集 W,并利用了它的有界性,最终设计了基于鲁棒控制的分布式最优一致性算法,后续章节将会使用动态高增益技术来将该条件去掉。

6.4 仿真实例

本节使用数值仿真实例来验证上述算法的有效性[132]。

考虑由四个垂直起降飞行器组成的多智能体系统,我们的目标是让它们最终悬停在同一高度。与此同时,希望飞行器能尽量降低能耗。

根据文献[42],飞行器在横向一纵向平面的运动方程如下:

$$M\ddot{p}_i = -\sin(\theta_i)T_i + 2\cos(\theta_i)\sin(\alpha)F_i$$

$$M\ddot{q}_i = \cos(\theta_i)T_i + 2\sin(\theta_i)\cos(\alpha)F_i - g$$

$$MJ\ddot{\theta}_i = 2l\cos(\alpha)F_i$$

其中 p_i, q_i, θ_i 分别是飞行器质心的水平位置、垂直高度和飞行器相对于水平面的滚动角,M 和 J 分别表示飞行器的质量和转动惯量,T_i 是飞行器底部的主推力,F_i 是由飞行器两侧翼尖下方的喷气发动机产生的等效滚转力,α 是滚转力与机体水平轴的夹角,常数 l 和 g 分别是两翼尖的距离和重力加速度。

为实现目标,令 $\theta_i \equiv 0$,忽略横滚运动,只关心垂直方向的降阶动力学:

$$\ddot{q}_i = \frac{1}{M} T_i - g$$

假定飞行器的质量是满足 $\frac{1}{2} \leqslant \frac{M}{M_0} \leqslant 2$ 的未知数,其中 M_0 为标称质量。若进一步记 $x_i = \mathrm{col}(q_i, \dot{q}_i)$, $y_i = q_i$, $u_i = T_i$,可将降阶动力学方程写成所要求的形式:

$$\dot{x}_i = \begin{bmatrix} 0 & 1 \\ 0 & 0 \end{bmatrix} x_i + \begin{bmatrix} 0 \\ (1+w)\frac{1}{M_0} \end{bmatrix} u_i - \begin{bmatrix} 0 \\ g \end{bmatrix}$$

其中 $w=M_0/M-1$。选择局部目标函数为 $f_i(y)=\|y-q_i(0)\|^2$，实现降低能耗的目标。这样就将原问题转化成了一个高阶多智能体系统的最优一致性问题。

假定飞行器之间的通信拓扑是一个环形图。在仿真中取 $q_i(0)=2\cdot i-1$，并选择 $k_1=1$，$k_2=2$，$\alpha=1$，$\beta=15$，$\varepsilon=6$，$\gamma=10$，其他初始值均是随机生成的。利用式(6.4)所示的算法求解该问题得到的仿真结果如图 6-1 至图 6-3 所示。其中图 6-1 展示的是有向平衡图下决策层算法演化轨线，图 6-2 说明各控制信号是有界的，图 6-3 则说明了各智能体的输出最终实现了最优一致性目标。

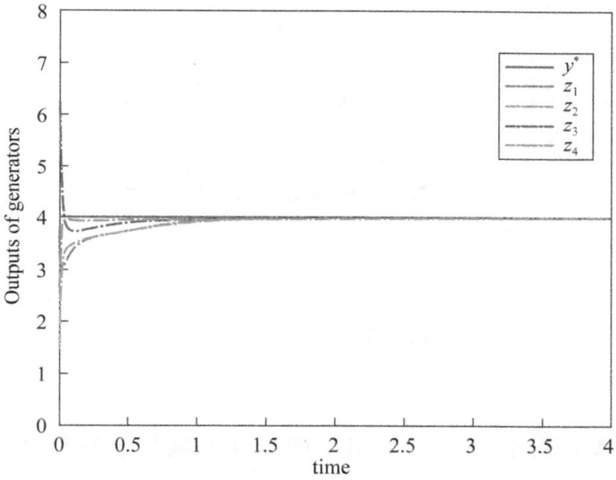

图 6-1 彩图

图 6-1　有向平衡图下决策层算法演化轨线

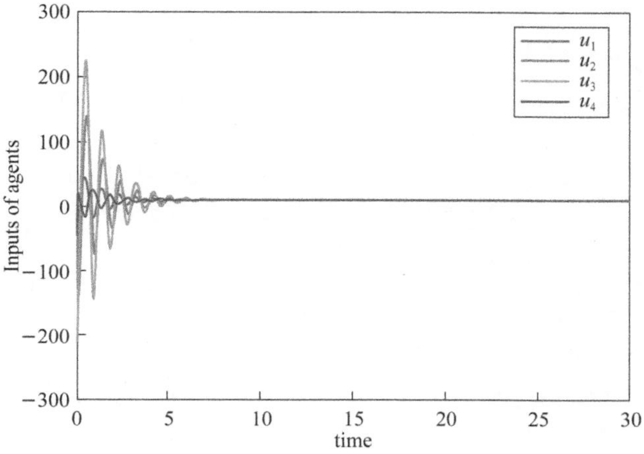

图 6-2 彩图

图 6-2　各智能体控制输入曲线

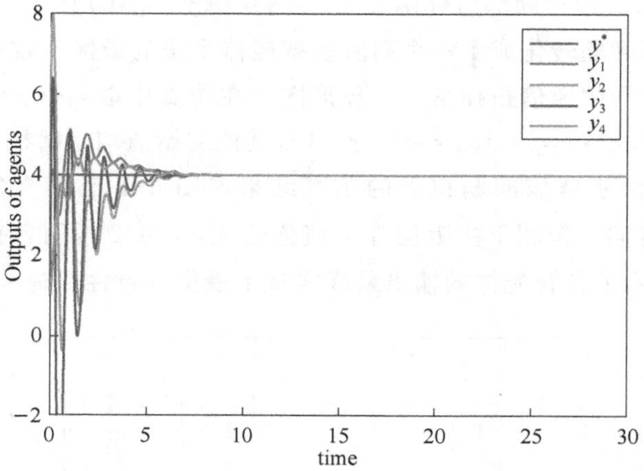

图 6-3　各智能体的输出演化曲线

图 6-3 彩图

本章小结

本章考虑了一类同时含静态和动态不确定性的线性多智能体最优一致性问题，设计了基于积分控制的分布式算法，然后利用高增益观测器技术将该结果推广到只需各智能体量测输出的情况，并通过理论证明和仿真实例验证了所设计算法的有效性。

第 7 章

同时含静态和动态不确定性的非线性多智能体最优一致性

本章继续考虑同时含静态和动态不确定性的高阶智能体系统，并假设这些不确定性都是非线性的。本章将在前文设计基础上，构造性地给出相应的最优一致性算法，借此进一步验证分层设计的有效性。

7.1 问题描述

考虑一类含不确定性的异质非线性多智能体系统，其模型如下：

$$\begin{aligned}\dot{z}_i &= h_i(z_i, y_i, w)\\ \dot{\boldsymbol{y}}_i &= \boldsymbol{A}_i\boldsymbol{y}_i+\boldsymbol{B}_i[g_i(z_i,\boldsymbol{y}_i,w)+\boldsymbol{b}_i(w)u_i]\\ y_i &= \boldsymbol{C}_i\boldsymbol{y}_i,\quad i=1,\cdots,N\end{aligned}\tag{7.1}$$

其中 y_i 是决策输出。三元组($\boldsymbol{C}_i,\boldsymbol{A}_i,\boldsymbol{B}_i$)表示一个 $n_i\geqslant 2$ 阶的积分器，即

$$\boldsymbol{A}_i=\begin{bmatrix}\boldsymbol{0} & \boldsymbol{I}_{n_i-1}\\ \boldsymbol{0} & \boldsymbol{0}\end{bmatrix},\boldsymbol{B}_i^{\mathrm{T}}=[0\ \cdots\ 0\ \ 1],\boldsymbol{C}_i=[1\ \ 0\ \cdots\ 0]$$

该模型依然可被认为是串联积分器的扰动形式。只不过与第 6 章相比，这里的动态和静态不确定性都是非线性的。该系统模型可表示许多典型的非线性系统，如 Byners-Isidori 标准型等。机械和机电领域的许多系统也可以写成这种形式[117,133]。由于涉及的动态和静态不确定性是非线性且异质的，前几章的方法均无法直接用来处理该多智能体系统的最优一致性问题。

为保证问题的可解性，首先给出一些基本假设。

假设 7.1 函数 c_i 是充分光滑的，且存在两个常数 $\underline{l}$ 和 $\bar{l}$ 使得 $\underline{l}\leqslant\nabla c_i(s)\leqslant\bar{l}$ 对任意 $s\in\mathbb{R}$ 均成立。

假设 7.2 图 $\mathcal{G}$ 是强连通的有向平衡图。

假设 7.3 参数不确定性包含在某紧集 $W\in\mathcal{R}^{n_w}$ 内，并且对任意 $w\in W$ 系统，高频增益系数 $b_i(w)>0$。

假设 7.4 对任意 $1\leqslant i\leqslant N$，存在满足 $z_i^*(0,w)=0$ 的光滑函数 $z_i^*(s,w)$，使得 $h_i(z_i^*(s,w),s,w)=0$ 对任意 $s\in\mathbb{R}$ 和 $w\in W$ 恒成立。

注：假设 7.1 和假设 7.2 的内容已反复出现过，假设 7.3 用来保证静态不确定性不会改变系统的控制方向，假设 7.4 则是调节器方程可解性条件。这些都是标准假设，就不再赘述。

7.2 分层设计与问题转化

根据前面的分析，本章继续沿用形如式(6.2)的决策层算法，重点关注接口函数的设计。由于涉及的不确定性都是非线性的，我们将采用基于内模的设计方法对其前馈项进行重构和补偿，保证接口函数的有效性。

根据假设 7.4，记 $\boldsymbol{y}_i^*(x_i)=\mathrm{col}(x_i,\boldsymbol{0}_{n_i-1})$，$u_i^*(x_i,w)=-\dfrac{g_i(z_i^*(x_i,w),x_i^*(x_i),w)}{b_i(w)}$。与前文类似，该问题中的理想前馈项应该是常数，故引入如下形式的动态补偿器

$$\dot{\eta}_i=-\kappa_i(x_i)\eta_i+u_i$$

来生成理想前馈项，并记 $\beta_i(\eta_i,x_i)\triangleq\kappa_i(x_i)\eta_i$。这里的 κ_i 是待定光滑正函数，可认为其是一个尺度因子。其主要作用是处理一些与 x_i 相关的非线性项。当所设计的动态和静态不确定性均为线性时，κ_i 可直接取作任意常数。此时上述补偿器就退化成前面几章生成理想前馈的标准内模或积分控制器。

取坐标变换 $\bar{z}_i=z_i-z_i^*(x_i,w)$ 和 $\bar{\boldsymbol{y}}_i=\boldsymbol{y}_i-\boldsymbol{y}_i^*(x_i)$，可得如下误差系统：

$$\begin{aligned}\dot{\bar{z}}_i&=\bar{h}_i(\bar{z}_i,e_i,x_i,w)-\frac{\partial z_i^*}{\partial x_i}\mu_i\\ \dot{\bar{\boldsymbol{y}}}_i&=\boldsymbol{A}_i\bar{\boldsymbol{y}}_i+\boldsymbol{B}_i[\bar{g}_i(\bar{z}_i,\bar{\boldsymbol{y}}_i,x_i,w)+b_i(w)(u_i-u_i^*(x_i,w))]-\boldsymbol{E}_i\mu_i\\ e_i&=\boldsymbol{C}_i\bar{x}_i,\quad i\in\mathcal{N}\end{aligned}\tag{7.2}$$

其中 $\mu_i \triangleq \dot{x}_i, E_i = \mathrm{col}(1, \mathbf{0}_{n_i-1})$，各非线性项定义如下

$$\bar{h}_i(\bar{z}_i, e_i, x_i, w) = h_i(z_i, y_i, w) - h_i(z_i^*(x_i, w), x_i, w)$$
$$\bar{g}_i(\bar{z}_i, \bar{\mathbf{y}}_i, x_i, w) = g_i(z_i, \mathbf{y}_i, w) - g_i(z_i^*(x_i, w), \mathbf{y}_i^*(x_i), w)$$

容易验证,对任意 $x_i \in \mathbb{R}$ 和 $w \in W$，$\bar{h}_i(\mathbf{0}, 0, x_i, w) = 0, \bar{g}_i(\mathbf{0}, \mathbf{0}, x_i, w) = 0$ 总成立。

为保证问题的可解性,假定非线性动态不确定性部分满足如下性质。

假设 7.5 对任意 $1 \leqslant i \leqslant N$,存在一个连续可微 Lyapunov 函数 $V_{\bar{z}_i}(\bar{z}_i)$,沿着式(7.2)所示误差系统的状态轨线运动时满足如下条件:

$$\underline{\alpha}_i(\|\bar{z}_i\|) \leqslant V_{\bar{z}_i}(\bar{z}_i) \leqslant \bar{\alpha}_i(\|\bar{z}_i\|)$$
$$\dot{V}_{\bar{z}_i} \leqslant -\alpha_i(\|\bar{z}_i\|) + \sigma_{ie}\gamma_{ie}(e_i)e_i^2 + \sigma_{i\mu}\gamma_{ir}(x_i)\|\mu_i\|^2$$

其中 $\underline{\alpha}_i, \bar{\alpha}_i, \alpha_i$ 是 $\mathcal{K}_\infty$ 函数，$\gamma_{ie}(\cdot), \gamma_{ir}(\cdot) > 1$ 是已知的光滑正函数，σ_{ie} 和 $\sigma_{i\mu}$ 是大于 1 的未知常数,并且假定函数 $\alpha_i(\cdot)$ 满足如下条件

$$\lim_{s\to 0+} \sup \frac{\alpha_i^{-1}(s^2)}{s} \leqslant \infty$$

注记 7.1 该假设是非线性输出调节问题的常用条件,可理解为某种意义下的最小相位条件,是对第 6 章线性不确定性条件的推广。实际上,如果矩阵 $\bar{\mathbf{A}}_i$ 是稳定的,那么 $h_i(z_i, y_i, w) = \bar{\mathbf{A}}_i z_i + b_i^0(w) y_i$ 时的动态不确定性自然满足该假设。因此第 6 章的线性不确定性是其特例。

选择正参数 k_{ij} 使多项式 $p_i(\lambda) = \sum_{j=0}^{n_i-2} k_{ij}\lambda^j + \lambda^{n_i-1}$ 是 Hurwitz 的。引入如下形式的坐标变换

$$\xi_i = \mathrm{col}(y_i - x_i, \cdots, y_i^{(n_i-2)})$$
$$\zeta_i = k_{i0}(y_i - x_i) + \sum_{j=1}^{n_i-2} k_{ij} y_i^{(j)} + y_i^{(n_i-1)}$$
$$\bar{\eta}_i = \eta_i - \frac{u_i^*(x_i, w)}{\kappa_i(x_i)} - b_i^{-1}(w)\zeta_i,$$

和输入变换 $\bar{u}_i = u_i - \beta_i(\eta_i, x_i)$。可将式(7.2)所示的系统重写为

$$\begin{aligned}
\dot{\bar{z}}_i &= \bar{h}_i(\bar{z}_i, e_i, x_i, w) - \frac{\partial z_i^*}{\partial x_i}\mu_i \\
\dot{\xi}_i &= \mathbf{A}_i^\circ \xi_i + \mathbf{B}_i^\circ \zeta_i - \mathbf{E}_i^\circ \mu_i \\
\dot{\bar{\eta}}_i &= -\kappa_i(x_i)\bar{\eta}_i + \tilde{g}_i(\bar{z}_i, \xi_i, \zeta_i, x_i, w) + \psi_i(x_i, w)\mu_i \\
\dot{\zeta}_i &= \breve{g}_i(\bar{z}_i, \xi_i, \bar{\eta}_i, \zeta_i, x_i, w) + b_i(w)\bar{u}_i - k_{i0}\mu_i
\end{aligned} \tag{7.3}$$

其中相关变量的定义如下：

$$\boldsymbol{A}_i^{\circ}=\begin{bmatrix}\boldsymbol{0}_{n_i-2} & \boldsymbol{I}_{n_i-2} \\ -k_{i0} & -k_{i1},\cdots,-k_{i(n_i-2)}\end{bmatrix},\boldsymbol{B}_i^{\circ}=\begin{bmatrix}\boldsymbol{0}_{n_i-2} \\ 1\end{bmatrix},\boldsymbol{E}_i^{\circ}=\begin{bmatrix}1 \\ \boldsymbol{0}_{n_i-2}\end{bmatrix}$$

$$\tilde{g}_i=-\frac{1}{b_i(w)}[\hat{g}_i(\bar{z}_i,\xi_i,\zeta_i,x_i,w)+\kappa_i(x_i)\zeta_i]$$

$$\Psi_i=\frac{u_i^*(x_i,w)}{\kappa_i^2(x_i)}\frac{\partial\kappa_i(x_i)}{\partial x_i}-\frac{1}{\kappa_i(x_i)}\frac{\partial u_i^*(x_i,w)}{\partial x_i}+\frac{k_{i0}}{b_i(w)}$$

$$\breve{g}_i=\kappa_i(x_i)\zeta_i+b_i(w)\kappa_i(x_i)\bar{\eta}_i+\hat{g}_i(\bar{z}_i,\xi_i,\zeta_i,x_i,w)$$

$$\hat{g}_i=-k_{i(n_i-2)}k_{i0}(y_i-x_i)+\sum_{j=1}^{n_i-2}(k_{i(j-1)}-k_{i(n_i-2)}k_{ij})y_i^{(j)}+$$

$$k_{i(n_i-2)}\zeta_i+\bar{g}_i(\bar{z}_i,\bar{x}_i,x_i,w)$$

经过上述一系列变换，最终得到的复合系统〔式(7.3)所示〕是相对阶为1的输出反馈标准型系统。至此，我们实际上将原系统〔式(7.1)所示〕的最优一致性问题转化成了复合系统〔式(7.3)所示〕的调节问题，即只需设计合理的 $\bar{u}_i$ 保证系统的输出 ζ_i 收敛到0即可。

在给出具体的设计之前，可验证下式对任意 $x_i\in\mathbb{R}$ 和 $w\in W$ 都成立：

$$\hat{g}_i(\boldsymbol{0},\boldsymbol{0},0,x_i,w)=0,\tilde{g}_i(\boldsymbol{0},\boldsymbol{0},0,x_i,w)=0,\breve{g}_i(\boldsymbol{0},\boldsymbol{0},0,0,x_i,w)=0$$

根据这三个等式，若记 $\tilde{z}_i=\mathrm{col}(\bar{z}_i,\xi_i)$，$\hat{z}_i=\mathrm{col}(\tilde{z}_i,\bar{\eta}_i)$，可利用Taylor定理找到三个光滑函数 $\hat{\phi}_{i1}^0,\hat{\phi}_{i2},\hat{\phi}_{i3}>1$，使得对任意 $x_i\in\mathbb{R}$ 和 $w\in W$，下面的不等式均成立：

$$\|\hat{g}_i(\tilde{z}_i,\zeta_i,x_i,w)\|^2\leqslant\hat{\phi}_{i1}^0(x_i,w)[\hat{\phi}_{i2}(\tilde{z}_i)\|\tilde{z}_i\|^2+\hat{\phi}_{i3}(\zeta_i)\zeta_i^2]$$

与此同时，可找到光滑函数 $\hat{\phi}_{i1},\hat{\phi}_{i4}>1$ 和未知常数 $\hat{c}_{ig},\hat{\ell}_{i\Psi}>1$ 满足

$$\hat{\phi}_{i1}^0(x_i,w)\leqslant\hat{c}_{ig}\hat{\phi}_{i1}(x_i),\quad \Psi_i^2(x_i,w)\leqslant\hat{\ell}_{i\Psi}\hat{\phi}_{i4}(x_i)$$

继而，下面的不等式也成立

$$\|\hat{g}_i(\tilde{z}_i,\zeta_i,x_i,w)\|^2\leqslant\hat{c}_{ig}\hat{\phi}_{i1}(x_i)[\hat{\phi}_{i2}(\tilde{z}_i)\|\tilde{z}_i\|^2+\hat{\phi}_{i3}(\zeta_i)\zeta_i^2]$$

类似地，我们也能找到已知的光滑函数 $\breve{\phi}_{i1},\breve{\phi}_{i2},\breve{\phi}_{i3}>1$ 和未知常数 $\breve{c}_{ig}>1$ 保证下面的不等式对任意 $x_i\in\mathbb{R}$ 和 $w\in W$ 均成立：

$$\|\breve{g}_i(\hat{z}_i,\zeta_i,x_i,w)\|^2\leqslant\breve{c}_{ig}\breve{\phi}_{i1}(x_i)[\breve{\phi}_{i2}(\hat{z}_i)\|\hat{z}_i\|^2+\breve{\phi}_{i3}(\zeta_i)\zeta_i^2]$$

基于以上推导和假设7.4，我们认为式(7.3)所示的误差系统满足如下性质。

引理 7.1 假设 7.4 成立。若取 $\kappa_i(x_i)\geqslant\hat{\phi}_{i1}(x_i)+1$,则对任意 $i=1,\cdots,N$,存在连续可微函数 $W_i(\hat{z}_i)$,使得对任意 $x_i\in\mathbb{R}$ 和 $w\in W$,下面的不等式是成立的:

$$\underline{\hat{\alpha}}_i(\|\hat{z}_i\|)\leqslant W_i(\hat{z}_i)\leqslant\bar{\hat{\alpha}}_i(\|\hat{z}_i\|)$$

$$\dot{W}_i(\hat{z}_i)\leqslant-\|\hat{z}_i\|^2+\hat{\sigma}_{i\zeta}\hat{\gamma}_{i\zeta}(\zeta_i,x_i)\zeta_i^2+\hat{\sigma}_{i\mu}\hat{\gamma}_{i\mu}(\mu_i,x_i)\mu_i^2$$

其中 $\underline{\hat{\alpha}}_i,\bar{\hat{\alpha}}_i\in\mathcal{K}_\infty$,$\hat{\gamma}_{i\zeta},\hat{\gamma}_{i\mu}>1$ 均为已知的光滑函数,而 $\hat{\sigma}_{i\zeta},\hat{\sigma}_{i\mu}>1$ 为未知常数。

证明:引理的证明与前文类似,主要思想是反复使用变供给函数技巧来构造满足要求的函数 W_i。这里只给出 $n_i\geqslant2$ 时的大体证明思路。具体细节参考文献[118]。

首先针对 $\bar{z}_i$ 子系统应用变供给函数定理。对任意给定的光滑函数 $\bar{\Delta}_{i\bar{z}}(\bar{z}_i)>0$,一定存在连续可微的函数 $W_{i\bar{z}}^1(\bar{z}_i)$ 满足下面的条件:

$$\underline{\bar{\alpha}}_{i\bar{z}}(\|\bar{z}_i\|)\leqslant W_{i\bar{z}}^1(\bar{z}_i)\leqslant\bar{\bar{\alpha}}_{i\bar{z}}(\|\bar{z}_i\|)$$

$$\dot{W}_{i\bar{z}}^1\leqslant-\bar{\Delta}_{i\bar{z}}(\bar{z}_i)\|\bar{z}_i\|^2+\bar{\sigma}_{i\xi}\bar{\gamma}_{i\xi}^1(\xi_i)\|\xi_i\|^2+\bar{\sigma}_{i\mu}\bar{\gamma}_{i\mu}^1(\mu_i,r_i)\mu_i^2$$

其中 $\underline{\bar{\alpha}}_{i\bar{z}},\bar{\bar{\alpha}}_{i\bar{z}}\in\mathcal{K}_\infty$,$\bar{\gamma}_{i\zeta}^1,\bar{\gamma}_{i\mu}^1>1$ 均是已知的光滑函数,$\bar{\sigma}_{i\xi},\bar{\sigma}_{i\mu}>1$ 则是未知常数。

根据 k_{ij} 的性质,矩阵 $\boldsymbol{A}_i^\circ$ 是 Hurwitz 的。那么存在正定阵 $\bar{\boldsymbol{P}}_i$满足 Lyapunov 方程 $\boldsymbol{A}_i^{\circ\mathrm{T}}\bar{\boldsymbol{P}}_i+\bar{\boldsymbol{P}}_i\boldsymbol{A}_i^\circ=-3\boldsymbol{I}_{m-1}$。取 $W_{i\xi}^0(\xi_i)=\boldsymbol{\xi}_i^{\mathrm{T}}\bar{P}_i\xi_i$,其导数满足

$$\dot{W}_{i\xi}^0=2\boldsymbol{\xi}_i^{\mathrm{T}}\bar{\boldsymbol{P}}_i[\boldsymbol{A}_i^\circ\xi_i+\boldsymbol{B}_i^\circ\zeta_i-\boldsymbol{E}_i^\circ\mu_i]\leqslant-\|\xi_i\|^2+\|\bar{\boldsymbol{P}}_i\boldsymbol{B}_i^\circ\|^2\|\zeta_i\|^2+\|\bar{\boldsymbol{P}}_i\boldsymbol{E}_i^\circ\|^2\mu_i^2$$

同时,对 ξ_i 子系统应用变供给函数定理,则对任意给定函数 $\bar{\Delta}_{i\xi}(\xi_i)>0$,可找到连续可微函数 $W_{i\xi}^1(\xi_i)$,$\mathcal{K}_\infty$类函数 $\underline{\bar{\alpha}}_{i\xi},\bar{\bar{\alpha}}_{i\xi}$,和正函数 $\bar{\gamma}_{i\zeta},\bar{\gamma}_{i\mu}>1$ 满足

$$\underline{\bar{\alpha}}_{i\xi}(\|\xi_i\|)\leqslant W_{i\xi}^1(\xi_i)\leqslant\bar{\bar{\alpha}}_{i\xi}(\|\xi_i\|)$$

$$\dot{W}_{i\xi}^1\leqslant-\bar{\Delta}_{i\xi}(\xi_i)\|\xi_i\|^2+\bar{\gamma}_{i\zeta}(\zeta_i)\|\zeta_i\|^2+\bar{\gamma}_{i\mu}(\mu_i)\mu_i^2$$

综合利用上述几个不等式,我们可取 $W_{i\tilde{z}}(\tilde{z}_i)=W_{i\bar{z}}^1(\bar{z}_i)+\bar{\sigma}_{i\xi}W_{i\xi}^1(\xi_i)$。显然存在函数 $\underline{\tilde{\alpha}}_i,\bar{\tilde{\alpha}}_i\in\mathcal{K}_\infty$满足 $\underline{\tilde{\alpha}}_i(\|\tilde{z}_i\|)\leqslant W_{i\tilde{z}}(\tilde{z}_i)\leqslant\bar{\tilde{\alpha}}_i(\|\tilde{z}_i\|)$。另外,$W_{i\tilde{z}}$ 的 Lie 导数满足

$$\begin{aligned}\dot{W}_{i\tilde{z}}\leqslant&-\bar{\Delta}_{i\bar{z}}(\bar{z}_i)\|\bar{z}_i\|^2-\bar{\sigma}_{i\xi}(\bar{\Delta}_{i\xi}(\xi_i)-\bar{\gamma}_{i\xi}^1(\xi_i))\|\xi_i\|^2+\bar{\sigma}_{i\xi}\bar{\gamma}_{i\zeta}(\zeta_i)\|\zeta_i\|^2+\\&\bar{\sigma}_{i\xi}\bar{\gamma}_{i\mu}(\mu_i)\mu_i^2+\bar{\sigma}_{i\mu}\bar{\gamma}_{i\mu}^1(\mu_i,r_i)\mu_i^2\end{aligned}$$

若取相关函数和常数满足 $\tilde{\sigma}_{i\mu}>\max\{\bar{\sigma}_{i\xi},\bar{\sigma}_{i\mu}\}$和如下条件

$$\bar{\Delta}_{i\bar{z}}(\bar{z}_i)>1,\bar{\Delta}_{i\xi}(\xi_i)>\bar{\gamma}_{i\xi}^1(\xi_i)+1$$

$$\bar{\gamma}_{i\mu}(\mu_i,r_i)>\bar{\gamma}_{i\mu}(\mu_i)+\bar{\gamma}_{i\mu}^1(\mu_i,r_i)$$

则下式成立

$$\dot{W}_{i\bar{z}}\leqslant-\|\bar{z}_i\|^2+\bar{\sigma}_{i\zeta}\bar{\gamma}_{i\zeta}(\zeta_i)\|\zeta_i\|^2+\bar{\sigma}_{i\mu}\bar{\gamma}_{i\mu}(\mu_i,r_i)\mu_i^2$$

至此,再对 $\tilde{z}_i$-子系统进行类似的推理,即对任意给定函数 $\tilde{\Delta}_i(\tilde{z}_i)>0$,一定存在一光滑函数 $W_{i\tilde{z}}^1(\tilde{z}_i)$满足下式:

$$\underline{\tilde{\alpha}}_i^1(\|\tilde{z}_i\|)\leqslant W_{i\tilde{z}}^1(\tilde{z}_i)\leqslant\bar{\tilde{\alpha}}_i^1(\|\tilde{z}_i\|)$$

$$\dot{W}_{i\tilde{z}}^1\leqslant-\tilde{\Delta}_i(\tilde{z}_i)\|\tilde{z}_i\|^2+\tilde{\sigma}_{i\zeta}\tilde{\gamma}_{i\zeta}^1(\zeta_i)\|\zeta_i\|^2+\tilde{\sigma}_{i\mu}\tilde{\gamma}_{i\mu}^1(\mu_i,x_i)\mu_i^2$$

其中 $\underline{\tilde{\alpha}}_i^1$, $\bar{\tilde{\alpha}}_i^1$ 是已知的 $\mathcal{K}_\infty$ 类函数,$\tilde{\gamma}_{i\zeta}^1$, $\tilde{\gamma}_{i\mu}^1>1$ 是正函数,$\tilde{\sigma}_{i\zeta}$, $\tilde{\sigma}_{i\mu}>1$ 是未知常数。

取 $W_i(\hat{z}_i)=\tilde{\ell}_iW_{i\tilde{z}}^1(\tilde{z}_i)+\bar{\eta}_i^2$,其中 $\tilde{\ell}_i>0$ 是待定系数。显然,它满足引理的第一条性质。沿系统的状态轨线求 W_i 的 Lie 导数,得到

$$\dot{W}_i\leqslant-\tilde{\ell}_i[\tilde{\Delta}_i(\tilde{z}_i)\|\tilde{z}_i\|^2-\tilde{\sigma}_{i\zeta}\tilde{\gamma}_{i\zeta}^1(\zeta_i)\|\zeta_i\|^2-\tilde{\sigma}_{i\mu}\tilde{\gamma}_{i\mu}^1(\mu_i,x_i)\mu_i^2]+$$
$$2\bar{\eta}_i[-\kappa_i(x_i)\bar{\eta}_i+\bar{g}_i(\bar{z}_i,\xi_i,\zeta_i,x_i,w)+\psi_i(x_i,w)\mu_i]$$

综合利用上面的几个不等式得到

$$\dot{W}_i\leqslant-\left[\tilde{\ell}_i\tilde{\Delta}_i(\tilde{z}_i)-\frac{2\hat{c}_{ig}\hat{\phi}_{i2}(\tilde{z}_i)}{b_0^2}\right]\|\tilde{z}_i\|^2+\left[\tilde{\ell}_i\tilde{\sigma}_{i\zeta}\hat{\gamma}_{i\zeta}^1(\zeta_i)+\frac{\kappa_i(x_i)}{b_0^2}+\frac{2\hat{c}_{ig}\hat{\phi}_{i3}(\zeta_i)}{b_0^2}\right]\|\zeta_i\|^2-$$
$$\left[\kappa_i(x_i)-\frac{\hat{\phi}_{i1}(x_i)}{2}-\frac{1}{2}\right]\bar{\eta}_i^2+[2\hat{\ell}_{i\psi}\hat{\phi}_{i4}(x_i)+\tilde{\ell}_i\tilde{\sigma}_{i\mu}\hat{\gamma}_{i\mu}^1(\mu_i,x_i)]\mu_i^2$$

根据 κ_i 的性质,若依次选择相关函数和常数满足

$$\tilde{\ell}_i>\frac{2\hat{c}_{ig}}{b_0^2}+1,\tilde{\Delta}_i(\tilde{z}_i)>\hat{\phi}_{i2}(\tilde{z}_i)+1$$

$$\hat{\sigma}_{i\zeta}>\tilde{\ell}_i\tilde{\sigma}_{i\zeta}+\frac{2\hat{c}_{ig}}{b_0^2},\hat{\sigma}_{i\mu}>\tilde{\ell}_i\tilde{\sigma}_{i\mu}+2\hat{\ell}_{i\psi}$$

$$\hat{\gamma}_{i\zeta}(\zeta_i,x_i)>\hat{\gamma}_{i\zeta}^1(\zeta_i)+\kappa_i(x_i)+\hat{\phi}_{i3}(\zeta_i)$$

$$\hat{\gamma}_{ir}(\mu_i,x_i)>\hat{\phi}_{i4}(x_i)+\hat{\gamma}_{i\mu}^1(\mu_i,x_i)$$

将其代入上述不等式中即可验证引理的第二条性质,从而得出结论。证毕。

注记 7.3 该结论表明只要非线性动态不确定性有一定的稳定性,将其视作

复合系统零动态后，它就具有良好的内部稳定特性。这一性质为解决误差系统的调节问题并最终实现最优一致性奠定了基础。

7.3 最优一致性算法及其有效性分析

受文献[60,134]的启发，取复合系统的镇定控制器如下

$$\bar{u}_i = -\theta_i \rho_i(\zeta_i, r_i)\zeta_i$$

$$\dot{\theta}_i = \tau_i(\zeta_i, r_i)$$

其中 ρ_i 和 τ_i 是待设计的光滑正函数。这里引入动态高增益参数 θ_i 的目的是去掉上文中需要已知 W 上界的这一假设。可直接令 $\theta_i(0)=0$。相应的接口函数形式如下：

$$u_i = -\theta_i \rho_i(\zeta_i, x_i)\zeta_i + \kappa_i(x_i)\eta_i$$

$$\dot{\eta}_i = -\kappa_i(x_i)\eta_i + u_i$$

$$\dot{\theta}_i = \tau_i(\zeta_i, x_i)$$

配合式(6.2)所示的决策层算法，就可得到求解原不确定多智能体最优一致性的分布式算法。

定理 7.1 若假设 7.1 至假设 7.5 成立，则存在合适的正常数 α，β 和光滑正函数 $\kappa_i(x_i)$，$\rho_i(\zeta_i, x_i)$，$\tau_i(\zeta_i, x_i)$及如下形式的分布式算法：

$$\begin{aligned}
u_i &= -\theta_i \rho_i(\zeta_i, x_i)\zeta_i + \kappa_i(x_i)\eta_i \\
\dot{\eta}_i &= -\kappa_i(x_i)\eta_i + u_i \\
\dot{\theta}_i &= \tau_i(\zeta_i, x_i) \\
\dot{x}_i &= -\alpha \nabla c_i(x_i) - \beta \sum_{j=1}^{N} a_{ij}(x_i - x_j) - \sum_{j=1}^{N} a_{ij}(v_i - v_j) \\
\dot{v}_i &= \alpha\beta \sum_{j=1}^{N} a_{ij}(x_i - x_j)
\end{aligned} \tag{7.4}$$

可实现式(7.1)所示多智能体系统的最优一致性。

证明：该定理的证明并不难。若直接令 α，β 和 κ_i 的取法与上文相同，则只需找到合适的 ρ_i 和 τ_i 即可。为此，首先写出完整的闭环系统形式：

$$\dot{\hat{z}}_i = \hat{h}_i(\hat{z}_i, \zeta_i, x_i, w, \mu_i)$$

$$\dot{\zeta}_i = \breve{g}_i(\hat{z}_i, \zeta_i, x_i, w) - \theta_i b_i(w)\rho_i(\zeta_i, x_i)\zeta_i - k_{i1}\mu_i$$

$$\dot{\theta}_i = \tau_i(\zeta_i, x_i)$$

$$\dot{x}_i = -\alpha \nabla f_i(x_i) - \beta\sum_{j=1}^{N} a_{ij}(x_i - x_j) - \sum_{j=1}^{N} a_{ij}(v_i - v_j)$$

$$\dot{v}_i = \alpha\beta\sum_{j=1}^{N} a_{ij}(x_i - x_j)$$

其中 $\breve{g}_i(\hat{z}_i, \zeta_i, x_i, w) \triangleq \breve{g}_i(\bar{z}_i, \xi_i, \bar{\eta}_i, \zeta_i, x_i, w)$，而 $\hat{z}_i$ 写成了复合形式，$\hat{h}_i$ 的具体含义可由式(7.3)确定。下面将分两步来确定相关函数并证明定理 7.1。

第一步：考虑前三个子系统，验证它们具有类输入-状态稳定的性质。

根据引理 7.1，利用变供给函数技术，对任意的光滑函数 $\hat{\Delta}_i(\hat{z}_i) > 0$，必然存在一个连续可微函数 $W_i^1(\hat{z}_i)$ 和已知的 $\mathcal{K}_\infty$ 类函数 $\underline{\hat{\alpha}}_i^1$，$\hat{\bar{\alpha}}_i^1$ 与正函数 $\hat{\gamma}_{i\zeta}^1$，$\hat{\gamma}_{i\mu}^1 > 1$ 满足

$$\underline{\hat{\alpha}}_i^1(\|\hat{z}_i\|) \leqslant W_i^1(\hat{z}_i) \leqslant \hat{\bar{\alpha}}_i^1(\|\hat{z}_i\|)$$

$$\dot{W}_i^1 \leqslant -\hat{\Delta}_i(\hat{z}_i)\|\hat{z}_i\|^2 + \hat{\sigma}_{i\zeta}^1\hat{\gamma}_{i\zeta}^1(\zeta_i, x_i)\zeta_i^2 + \hat{\sigma}_{i\mu}^1\hat{\gamma}_{i\mu}^1(\mu_i, x_i)\mu_i^2$$

其中 $\hat{\sigma}_{i\zeta}^1$，$\hat{\sigma}_{i\mu}^1 > 1$ 是未知常数。

取 $V_i(\hat{z}_i, \zeta_i, \bar{\theta}_i) = \hat{\ell}_i W_i^1(\hat{z}_i) + \zeta_i^2 + \bar{\theta}_i^2$，其中 $\bar{\theta}_i = \theta_i - \Theta_i$，常数 Θ_i，$\hat{\ell}_i > 0$ 待定。它的导数满足如下条件：

$$\dot{V}_i \leqslant -\hat{\ell}_i[\hat{\Delta}_i(\hat{z}_i)\|\hat{z}_i\|^2 - \hat{\sigma}_{i\zeta}^1\hat{\gamma}_{i\zeta}^1(\zeta_i, x_i)\zeta_i^2 - \hat{\sigma}_{i\mu}^1\hat{\gamma}_{i\mu}^1(\mu_i, x_i)\mu_i^2] +$$
$$2\zeta_i[\breve{g}_i(\hat{z}_i, \zeta_i, x_i, w) - \theta_i b_i(w)\rho_i(\zeta_i, x_i)\zeta_i - k_{i1}\mu_i] + 2(\theta_i - \Theta_i)\tau_i(\zeta_i, r_i)$$

利用 $\breve{g}_i$ 的上界性质处理交叉项，得到

$$\dot{V}_i \leqslant -[\hat{\ell}_i\hat{\Delta}_i(\hat{z}_i) - \breve{c}_{ig}\breve{\phi}_{i2}(\hat{z}_i)]\|\hat{z}_i\|^2 + [\hat{\ell}_i\hat{\sigma}_{i\mu}^1\hat{\gamma}_{i\mu}^1(\mu_i, x_i) + k_{i1}^2]\mu_i^2 + 2(\theta_i - \Theta_i)\tau_i(\zeta_i, x_i) -$$
$$[2\theta_i b_i(w)\rho_i(\zeta_i, x_i) - \breve{\phi}_{i1}(x_i) - \hat{\ell}_i\hat{\sigma}_{i\zeta}^1\hat{\gamma}_{i\zeta}^1(\zeta_i, x_i) - \breve{c}_{ig}\breve{\phi}_{i3}(\zeta_i) - 1]\zeta_i^2$$

只需取相关函数满足如下条件

$$\hat{\ell}_i \geqslant \breve{c}_{ig}, \quad \hat{\Delta}_i(\hat{z}_i) \geqslant \breve{\phi}_{i2}(\hat{z}_i) + 1$$

$$\rho_i(\zeta_i, r_i) \geqslant \hat{\gamma}_{i\zeta}^1(\zeta_i, r_i) + \breve{\phi}_{i1}(r_i) + \breve{\phi}_{i3}(\zeta_i) + 2$$

$$\tau_i(\zeta_i, r_i) = \rho_i(\zeta_i, r_i)\zeta_i^2, \quad \Theta_i \geqslant \frac{1}{2b_0}\max\{\hat{\ell}_i\hat{\sigma}_{i\zeta}^1, \breve{c}_{ig}\}$$

即可保证 $\dot{V}_i \leqslant -\|\hat{z}_i\|^2 - \zeta_i^2 + [\hat{\ell}_i\hat{\sigma}_{i\mu}^1\hat{\gamma}_{i\mu}^1(\mu_i, r_i) + k_{i1}^2]\mu_i^2$ 成立。

再由引理 6.1 中决策层算法的收敛性和函数 $\hat{\gamma}_{i\mu}^1$ 的光滑性，必然可以找到常数 $c_{i\mu}>0$，使其满足 $\ell_i^1\hat{\sigma}_{i\mu}^1\hat{\gamma}_{i\mu}^1(\mu_i,x_i)+k_{i1}^2\leqslant c_{i\mu}$，代回上式得到：

$$\dot{V}_i\leqslant-\|\hat{z}_i\|^2-\zeta_i^2+c_{i\mu}\mu_i^2$$

第二步： 证明算法的有效性，即轨线定义良好，且输出收敛到全局最优解。

当然，这一步既可以证明某个降阶系统的渐近稳定性，也可以直接使用闭环系统的半稳定性得到相应的结论。两种方法的技术部分基本类似。这里仅给出基于半稳定性的证明。

实际上，闭环系统的平衡点不唯一，可以使用如下形式的集合给出

$$\mathcal{D}=\{\mathrm{col}(\hat{z},\zeta,\theta,r,v)\,|\,\hat{z}=\mathbf{0},\zeta=\mathbf{0},r=\mathbf{1}_N y^*,v=v^*+l_v\mathbf{1}_N\}$$

其中 l_v 为任意常数。当 $e_i=0$ 时，令 $\Theta^*=\mathrm{col}(\Theta_1,\cdots,\Theta_N)$，点 $\mathrm{col}(\mathbf{0},\mathbf{0},\Theta^*,\mathbf{1}_N y^*,v^*)$ 恰好是闭环系统的一个平衡点。

根据引理 6.1 的证明，可找到常数 $\bar{\ell}_1,\bar{\ell}_2,\bar{\ell}_3>0$，使得下面几个不等式成立

$$\bar{\ell}_1\|\mathrm{col}(\bar{r},\bar{v}_2)\|^2\leqslant W_\circ(\bar{r},\bar{v}_2)\leqslant\bar{\ell}_2\|\mathrm{col}(\bar{r},\bar{v}_2)\|^2$$

$$\left\|\frac{\partial W_\circ}{\partial\bar{r}}+\frac{\partial W_\circ}{\partial\bar{v}_2}\right\|\leqslant-\bar{\ell}_3\|\mathrm{col}(\bar{r},\bar{v}_2)\|$$

$$\dot{W}_\circ\leqslant-\bar{\ell}_3\|\mathrm{col}(\bar{r},\bar{v}_2)\|^2$$

注意到 $\prod$ 关于 $\bar{r}$ 是全局 Lipschitz 的，那么 μ_i 关于 $\mathrm{col}(\bar{r},\bar{v}_2)$ 也是全局 Lipschitz 的。因此，可找到常数 $\bar{\ell}_4>0$ 满足 $\sum_{i=1}^N c_{i\mu}\mu_i^2\leqslant\bar{\ell}_4\,\bar{\ell}_3\|\mathrm{col}(\bar{r},\bar{v}_2)\|^2$。

令 $V=\sum_{i=1}^N V_i+\bar{\ell}_4 V_\circ$，其中 $V_\circ=W_\circ(\bar{z}_1,\bar{z}_2,\bar{v}_2)+\frac{1}{2\alpha^3}\|\bar{v}_1\|^2$。对该函数求导可知

$$\dot{V}\leqslant-\|\hat{z}\|^2-\zeta^2+\sum_{i=1}^N c_{i\mu}\mu_i^2-\bar{\ell}_4\,\bar{\ell}_3\|\mathrm{col}(\bar{r},\bar{v}_2)\|^2\leqslant-\|\hat{z}\|^2-\zeta^2$$

根据文献[118]中的引理 1，可得到系统状态轨线的有界性和闭环系统关于 e_i 在原点处的全局渐近半稳定性。证毕。

定理 7.1 使用动态高增益技术，在无须 W 信息的前提下实现最优一致性。若该集合的上界已知，可以将假设 7.5 加强为如下版本。

假设 7.6 对任意 $1\leqslant i\leqslant N$，存在一个连续可微 Lyapunov 函数 $V_{\bar{z}_i}(\bar{z}_i)$，沿着式(7.2)所示误差系统的状态轨线运动时满足如下条件：

$$\underline{\alpha}_i(\|\bar{z}_i\|)\leqslant V_{\bar{z}_i}(\bar{z}_i)\leqslant\bar{\alpha}_i(\|\bar{z}_i\|)$$

$$\dot{V}_{\bar{z}_i} \leqslant -\alpha_i(\|\bar{z}_i\|) + \gamma_{ie}(e_i)e_i^2 + \gamma_{ir}(x_i)\|\mu_i\|^2$$

其中 $\underline{\alpha}_i, \bar{\alpha}_i, \alpha_i$ 是 $\mathcal{K}_\infty$ 函数，$\gamma_{ie}(\cdot), \gamma_{ir}(\cdot) > 1$ 为已知的光滑正函数，并且假定函数 $\alpha_i(\cdot)$ 满足 $\lim\limits_{s\to 0+}\sup\dfrac{\alpha_i^{-1}(s^2)}{s} \leqslant \infty$。

相应地，可以去掉控制中的动态增益部分，得到如下结论。

定理 7.2 若假设 7.1 至假设 7.5 成立，则存在合适的正常数 α, β 和光滑正函数 $\kappa_i(x_i)$，$\rho_i(\zeta_i, x_i)$ 及如下形式的分布式算法

$$\begin{aligned} u_i &= -\theta_i\rho_i(\zeta_i, x_i)\zeta_i + \kappa_i(x_i)\eta_i \\ \dot{\eta}_i &= -\kappa_i(x_i)\eta_i + u_i \\ \dot{x}_i &= -\alpha\nabla c_i(x_i) - \beta\sum_{j=1}^{N}a_{ij}(x_i - x_j) - \sum_{j=1}^{N}a_{ij}(v_i - v_j) \\ \dot{v}_i &= \alpha\beta\sum_{j=1}^{N}a_{ij}(x_i - x_j) \end{aligned} \tag{7.5}$$

可实现式(7.1)所示多智能体系统的最优一致性。

该定理的证明过程与定理 7.1 基本类似，该部分留给读者自行练习。

注记 7.4 定理 7.1 和定理 7.2 将第 6 章的结果推广到一类典型的非线性多智能体系统中。相关结论验证了分层设计方案在处理这类复杂非线性多智能体协同控制中的有效性。

7.4 仿真实例

本节使用数值仿真来验证上述算法的有效性[118]。

例 1 考虑四个如下形式的柔性机械臂

$$J_{i1}\ddot{q}_{i1} + M_i g L_i \sin q_{i1} + k_i(q_{i1} - q_{i2}) = 0$$

$$J_{i2}\ddot{q}_{i2} - k_i(q_{i1} - q_{i2}) = u_i$$

其中 q_{i1}, q_{i2} 是关节角，J_{i1}, J_{i2} 是转动惯量，M_i 是机械臂总质量，L_i 是其长度，k_i 是柔性关节的弹性系数，u_i 是施加的力矩。假定机械臂的质量和长度都包含满足 $M_i = (1+w_{i1})M_{i0}$ 和 $L_i = (1+w_{i2})L_{i0}$ 形式的不确定性，其中 M_{i0} 和 L_{i0} 分别是标称质量和标称长度，w_{i1}, w_{i2} 是不确定参数。

若这些机械臂的控制器可通过图 7-1 所描述的拓扑进行通信，则我们的设计

目标是实现它们广义位置的最优集结。

令 $y_i=q_{i1}, n_i=4$，并记 $x_i=\operatorname{col}(q_{i1}, \dot{q}_{i1}, q_{i1}^{(2)}, q_{i1}^{(3)})$，$w=\operatorname{col}(w_{11}, w_{12}, \cdots, w_{41}, w_{42})$，恰好可将机械臂的动力学方程写成式(7.1)的形式，其中 $b_i(w)=\dfrac{k_i}{J_{i1}J_{i2}}$，非线性项为

$$g_i(x_i, w)=-x_{i3}\left[\frac{M_igL_i}{J_{i1}}\cos(x_{i1})+\frac{k_i}{J_{i1}}+\frac{k_i}{J_{i2}}\right]+\frac{M_igL_i}{J_{i1}}\left(x_{i2}^2-\frac{k_i}{J_{i2}}\right)\sin(x_{i1})$$

简单验证可知，本章所有假设均成立。因此可使用定理 7.1 和定理 7.2 来实现控制目标。

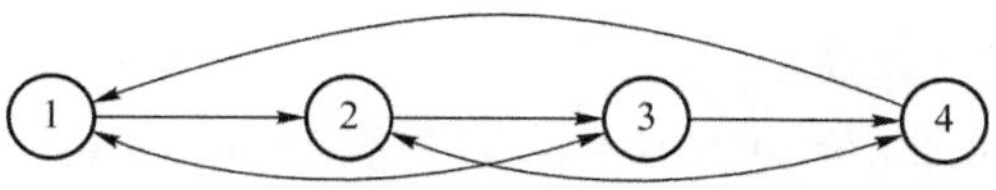

图 7-1 柔性机械臂的通信拓扑

在仿真中，利用式(7.4)所示的控制器求解该问题。为此，取机器人动力学参数为 $J_{i1}=1$，$J_{i2}=1$，$L_{i0}=1$，$M_i=1$，$k_i=1$，不确定参数 w_{i1}, w_{i2} 是随机产生的正常数。在上层算法中取 $\alpha=1, \beta=15$。控制器的参数和函数则分别取 $k_{i1}=1$，$k_{i2}=3$，$k_{i3}=3$，$\kappa_i(r_i)=1, \rho_i(\zeta_i, r_i)=\zeta_i^4+1, \tau_i(\zeta_i, r_i)=\rho_i(\zeta_i, r_i)\zeta_i^2$。相应的仿真结果如图 7-2 所示。从图中可以看出，各智能体的输出很快就收敛到了全局最优点。

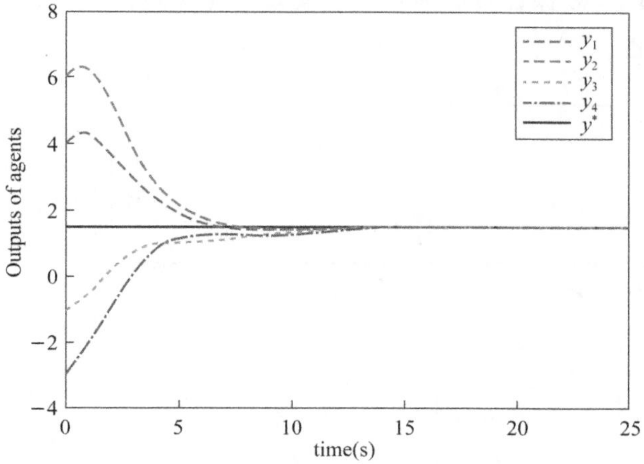

图 7-2 例 1 中各智能体的输出演化曲线

图 7-2 彩图

例 2 考虑稍复杂的多智能体系统，它由两个受控 FitzHugh-Nagumo 振子

$$\dot{z}_i=-(1+w_{i3})cz_i+(1-w_{i4})bx_i$$

$$\dot{x}_i=(1+w_{i6})x_i(a-x_i)(x_i-1)-z_i+(1+w_{i5})u_i$$
$$y_i=x_i, \quad i=1,2$$

和两个受控 Van der Pol 振子

$$\dot{x}_{i1}=x_{i2}$$
$$\dot{x}_{i2}=-(1+w_{i3})x_{i1}+(1+w_{i4})(1-x_{i1}^2)x_{i2}+(1+w_{i5})u_i$$
$$y_i=x_{i1}, \quad i=3,4$$

组成。其中 u_i 为控制输入，y_i 为控制输出，$a,b,c>0$ 是已知常数，w_{ij} 是不确定性。令 $w=\mathrm{col}(w_{13},w_{14},\cdots,w_{44},w_{45})$，显然所有智能体都能写成式(7.1)的形式。假定它们之间的通信拓扑与例 1 相同，并取与第 4 章例子相同的局部目标函数，设计分布式算法来实现最优一致性。

选择参数为 $a=0.2$，$b=0.8$，$c=0.8$，并假定 $w_{i3},w_{i5}\geqslant 0$ 是随机生成的。通过令 $z_i^*(s,w)=\dfrac{(1-w_{i2})b}{(1+w_{i1})c}s$，$W_{i\bar{z}}(s)=\alpha_i(s)=s^2$，$\gamma_{ie}(s)=\gamma_{i\mu}(s)=1$，可验证本章所有假设均成立。

在仿真中选取 $\alpha=1$，$\beta=15$ 生成最优信号。在接口函数中，则选取相应的光滑函数依次为 $\rho_i(\zeta_i,r_i)=\zeta_i^4+r_i^4+1$，$\kappa_i(r_i)=r_i^4+1$，$\tau_i(\zeta_i,r_i)=\rho_i(\zeta_i,r_i)\zeta_i^2$，其中 ζ_i 对前两个智能体定义为 $\zeta_i=x_i-r_i$，对后两个智能体则定义为 $\zeta_i=x_{i1}-r_i+x_{i2}$。其他所有初始值都是随机生成的。最终的仿真结果如图 7-3 所示。该仿真结果表明设计的分布式算法能有效保证多智能体系统实现最优一致性，进而验证了上述分层设计方案的有效性。

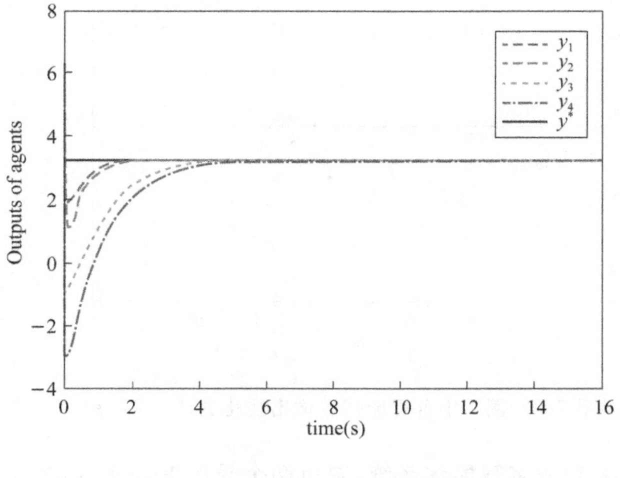

图 7-3 彩图

图 7-3　例 2 中各智能体的输出演化曲线

本章小结

本章讨论了同时含静态和动态不确定性的异质非线性多智能体系统的最优一致性问题。为同时处理该问题中多种不同类型的复杂性,本章继续采用分层设计方案,针对两种不同情况,结合内模原理和动态高增益等技术,构造性地给出了有效的分布式最优一致性算法,验证了基于抽象化的分层设计方案的有效性和灵活性。

第 8 章

控制方向未知的高阶多智能体最优一致性

前面几章就静态和动态不确定性影响下的多智能体系统展开讨论，设计并实现了最优一致性分布式算法。本章将考虑一种特殊情况的参数不确定性，即不确定性系统的控制方向，并给出一种基于 Nussbaum 函数的自适应算法，实现这类不确定高阶多智能体的最优一致性。

8.1 问题描述

考虑如下形式的高阶多智能体系统：

$$\dot{y}_i^{(n)} = b_i(w) u_i \tag{8.1}$$

其中 $y_i \in \mathbb{R}$ 和 $u_i \in \mathbb{R}$ 分别是智能体 i 的调节输出和控制输入；b_i 是它的高频增益系数，代表了系统的控制方向，由于不确定性 w 的存在，导致 $b_i(w)$ 的实际符号可能是未知的。本章将就这种情况讨论上述多智能体系统的最优一致性问题。作如下假设。

假设 8.1 函数 c_i 是充分光滑的，且存在两个常数 $\underline{l}$ 和 $\bar{l}$ 使得 $\underline{l} \leqslant \nabla c_i(s) \leqslant \bar{l}$ 对任意 $s \in \mathbb{R}$ 均成立。

假设 8.2 图 $\mathcal{G}$ 是强连通的有向平衡图。

假设 8.3 参数不确定性包含在某紧集 $W \in \mathcal{R}^{n_w}$ 内，并且存在正常数 b_0，使得对任意固定 $w \in W$，高频增益系数 $|b_i(w)| \geqslant b_0 > 0$。

假设 8.1 和假设 8.2 与前文保持一致，假设 8.3 是为了保证系统的能控性。

由于事先可能无法获知 $b_0(w)$ 的符号，所以无法直接套用第 3 章提出的算法来实现该多智能体系统的最优一致性。若直接对优化和不确定性一并处理，则二者的复杂性耦合在一起，势必给相应的分析与设计带来不小的麻烦。

为此，下面继续沿用第 2 章提出的分层设计方案，求解这类不确定性多智能体系统的最优一致性问题。鉴于式(6.2)所示算法的有效性，继续使用它为决策层算法，重点关注控制方向未知时接口函数的构造问题。

8.2 算法设计及其有效性分析

注意到多智能体动力学的阶数较高，下面将首先通过坐标变换将其化简为相对阶为 1 的形式，然后构造并改进相应的接口函数。

为此，选择常数 $k_{i1},\cdots,k_{in_i-1}$ 使多项式 $p_i(\lambda)=\sum_{\iota=1}^{n_i-1}k_{i\iota}\lambda^{\iota-1}+\lambda^{n_i-1}$ 是 Hurwitz 的。记 $y_{i1}=y_i-x_i$，$y_{i\iota}\triangleq\varepsilon^{\iota-1}y_i^{(\iota-1)}$，并令 $\chi_i=\mathrm{col}(y_{i1},\cdots,y_{i(n_i-1)})$，$\zeta_i=\sum_{\iota=1}^{n_i-1}k_{i\iota}y_{i\iota}+y_{in_i}$，其中 $\varepsilon>0$ 是待定常数。此时式(8.1)所示的原系统可写成如下形式

$$\dot{\chi}_i=\frac{1}{\varepsilon}\boldsymbol{A}_{i1}\chi_i+\frac{1}{\varepsilon}\boldsymbol{A}_{i2}\zeta_i+\boldsymbol{E}_{i1}\dot{x}_i$$

$$\dot{\zeta}_i=\frac{1}{\varepsilon}\boldsymbol{A}_{i3}\chi_i+\frac{1}{\varepsilon}\boldsymbol{A}_{i4}\zeta_i+\varepsilon^{n_i-1}b_iu_i+\boldsymbol{E}_{i2}\dot{x}_i$$

其中各系统矩阵定义如下：

$$\boldsymbol{A}_{i1}=\begin{bmatrix}\boldsymbol{0}_{n_i-2} & \boldsymbol{I}_{n_i-2}\\ -k_{i1} & -k_{i2}\cdots-k_{i(n_i-1)}\end{bmatrix},\quad \boldsymbol{A}_{i2}=\begin{bmatrix}\boldsymbol{0}_{n_i-2}\\ 1\end{bmatrix}$$

$$\boldsymbol{A}_{i3}=\begin{bmatrix}-k_{i(n_i-1)}k_{i1} & k_{i1}-k_{i(n_i-1)}k_{i2}\cdots k_{i(n_i-2)}-k_{i(n_i-1)}^2\end{bmatrix}$$

$$\boldsymbol{A}_{i4}=k_{in_i-1},\quad \boldsymbol{E}_{i1}=\begin{bmatrix}1 & \boldsymbol{0}_{n_i-2}^{\mathrm{T}}\end{bmatrix}^{\mathrm{T}},\quad \boldsymbol{E}_{i2}=-k_{i1}$$

与前文类似，将 $\dot{x}_i$ 当作扰动，先考虑无扰动的情况，再分析扰动的影响和算法的有效性。为此，取如下形式的接口函数：

$$u_i=\bar{\mathcal{N}}(\theta_i)\zeta_i$$

$$\dot{\theta}_i=\zeta_i^2$$

其中 $\bar{\mathcal{N}}$ 是满足如下条件的光滑函数：

$$\limsup_{\theta\to\infty}\frac{\int_0^\theta \bar{\mathcal{N}}(s)\mathrm{d}s}{\theta}=\infty,\quad \liminf_{\theta\to\infty}\frac{\int_0^\theta \bar{\mathcal{N}}(s)\mathrm{d}s}{\theta}=-\infty$$

这类函数被称为 Nussbaum 函数，是处理未知控制方向的有效手段。$\theta^2\sin\theta$ 和 $\mathrm{e}^{\theta^2}\sin\theta$ 是 Nussbaum 函数的典型代表。

此时，分布式最优一致性算法的完整形式如下所示：

$$\begin{aligned}
u_i &= \bar{\mathcal{N}}(\theta_i)\zeta_i \\
\dot{\theta}_i &= \zeta_i^2 \\
\dot{x}_i &= -\alpha\nabla c_i(x_i)-\beta\sum_{j=1}^{N}a_{ij}(x_i-x_j)-\sum_{j=1}^{N}a_{ij}(v_i-v_j) \\
\dot{v}_i &= \alpha\beta\sum_{j=1}^{N}a_{ij}(x_i-x_j)
\end{aligned}\tag{8.2}$$

该算法只用到了自身和邻居智能体共享的信息，因此是分布式的。

下面是本节的主要定理。

定理 8.1 若假设 8.1 至假设 8.3 成立，则存在正常数 α,β 使得对任意 $\varepsilon>0$，式(8.2)所示的算法可保证式(8.1)所示的多智能体系统实现最优一致性。

证明：此时的闭环系统为

$$\begin{aligned}
\dot{\chi}_i &= \frac{1}{\varepsilon}\boldsymbol{A}_{i1}\chi_i+\frac{1}{\varepsilon}\boldsymbol{A}_{i2}\zeta_i+\boldsymbol{E}_{i1}\dot{x}_i \\
\dot{\zeta}_i &= \frac{1}{\varepsilon}\boldsymbol{A}_{i3}\chi_i+\frac{1}{\varepsilon}\boldsymbol{A}_{i4}\zeta_i+\varepsilon^{n_i-1}b_i\bar{\mathcal{N}}(\theta_i)\zeta_i+\boldsymbol{E}_{i2}\dot{x}_i \\
\dot{\theta}_i &= \zeta_i^2 \\
\dot{x}_i &= -\alpha\nabla f_i(x_i)-\beta\sum_{j=1}^{N}a_{ij}(x_i-x_j)-\sum_{j=1}^{N}a_{ij}(v_i-v_j) \\
\dot{v}_i &= \alpha\beta\sum_{j=1}^{N}a_{ij}(x_i-x_j)
\end{aligned}$$

根据参数的选择，矩阵 $\boldsymbol{A}_{i1}$ 是 Hurwitz 的。记 $\boldsymbol{P}_i\in\mathbb{R}^{(n_i-1)\times(n_i-1)}$ 是满足 Lyapunov 方程 $\boldsymbol{A}_{i1}^{\mathrm{T}}\boldsymbol{P}_i+\boldsymbol{P}_i\boldsymbol{A}_{i1}=-2\boldsymbol{I}_{n_i-1}$ 的正定矩阵。

首先证明闭环系统轨线的前向完备性。由系统右端项的光滑性可知，任一子系统的轨线在其最大区间$[0,t_{if})$上是定义良好的。我们只需证明 $t_{if}=\infty$ 即可。利用反证法，若 t_{if} 是有限的，则只需系统轨线在区间$[0,t_{if})$内是有界的，那么轨线就可继续延拓，超出最大区间，与 t_{if} 的最大性形成矛盾。

为此，取 $V_i(\chi_i,\zeta_i)=\boldsymbol{\chi}_i^{\mathrm{T}}\boldsymbol{P}_i\boldsymbol{\chi}_i+\frac{1}{2}\zeta_i^2$ 作为智能体 i 的子 Lyapunov 函数，它显然是正定的，且导数满足如下条件：

$$\dot{V}_i=2\boldsymbol{\chi}_i^{\mathrm{T}}\boldsymbol{P}_i\left[\frac{1}{\varepsilon}\boldsymbol{A}_{i1}\boldsymbol{\chi}_i+\frac{1}{\varepsilon}\boldsymbol{A}_{i2}\zeta_i+\boldsymbol{E}_{i1}\dot{x}_i\right]+$$

$$\zeta_i\left(\frac{1}{\varepsilon}\boldsymbol{A}_{i3}\boldsymbol{\chi}_i+\frac{1}{\varepsilon}\boldsymbol{A}_{i4}\zeta_i+\varepsilon^{n_i-1}b_i\bar{\mathcal{N}}(\theta_i)\zeta_i+\boldsymbol{E}_{i2}\dot{x}_i\right)$$

利用 Young 不等式处理交叉项可得

$$\begin{aligned}\dot{V}_i&\leqslant-\frac{1}{\varepsilon}\|z_i\|^2+(\varepsilon^{n_i-1}b_i\bar{\mathcal{N}}(\theta_i)+C_{i\theta_1})\zeta_i^2+C_{i\theta_2}\dot{r}_i^2\\&=-\frac{1}{\varepsilon}\|z_i\|^2-(\varepsilon^{n_i-1}b_i\bar{\mathcal{N}}(\theta_i)-C_{i\theta_1})\dot{\theta}_i+C_{i\theta_2}\dot{x}_i^2\\&\leqslant-(b_i\bar{\mathcal{N}}(\theta_i)-C_{i\theta_1})\dot{\theta}_i+C_{i\theta_2}\dot{x}_i^2\end{aligned}$$

其中 $C_{i\theta_1}=\frac{1}{\varepsilon}(3\|\boldsymbol{P}_i\boldsymbol{A}_{i2}\|^2+3\|\boldsymbol{A}_{i3}\|^2+|\boldsymbol{A}_{i4}|+1)$，$C_{i\theta_2}=3\varepsilon\|\boldsymbol{P}_i\boldsymbol{E}_{i1}\|^2+\varepsilon\|\boldsymbol{E}_{i2}\|^2$。

根据引理 6.1 的内容可知，$x_i(t)$和 $\dot{x}_i(t)$分别指数收敛到 y^* 和 0。因此，$\dot{x}_i(t)$在区间$[0,\infty)$上是平方可积的。若记 $V_i(t)\triangleq V_i(z_i(t),\zeta_i(t))$，考虑 $\dot{\theta}_i=\zeta_i^2$，在不等式两端从 0 到 t 积分，可得存在常数 $C_{i0}>0$ 满足

$$V_i(t)-V_i(0)\leqslant\varepsilon^{n_i-1}b_i\int_{\theta_i(0)}^{\theta_i(t)}\bar{\mathcal{N}}(s)\mathrm{d}s+C_{i\theta_1}\theta_i(t)+C_{i0}$$

由于 $\theta_i(t)$是单调递增的，所以它要么收敛到一个有界极限，要么没有极限。假定 $\theta_i(t)$没有极限。等式两边同时除以 $\theta_i(t)$，那么下式成立：

$$0\leqslant\varepsilon^{n_i-1}b_i\frac{\int_{\theta_i(0)}^{\theta_i(t)}\bar{\mathcal{N}}(s)\mathrm{d}s}{\theta_i(t)}+C_{i\theta_1}+\frac{C_{i0}+V_i(0)}{\theta_i(t)}$$

根据 Nussbaum 函数的特点，对任意固定的 $b_i(w)$，当时间充分大时，上述不等式最终会不成立。因此，$\theta_i(t)$在其最大存在区间内是一致有界的。再根据闭环系统的形式，$\chi_i(t)$，$\zeta_i(t)$，$u_i(t)$，$\dot{\zeta}_i(t)$，$\dot{\theta}_i(t)$ 也都是一致有界的。总而言之，系统的所有轨线在最大区间内都是一致有界的。这与假设矛盾，故 $t_{if}=\infty$。

其次证明闭环系统轨线的收敛性。实际上，从相关轨线的有界性可知，函数 $\theta_i(t)$关于时间 t 是一致连续的。由

$$\int_0^t\zeta_i^2(s)\mathrm{d}s=\int_0^t\dot{\theta}_i(s)\mathrm{d}s\leqslant\theta_i(\infty)-\theta_i(0)$$

结合 $\theta_i(\infty)$ 的有界性，得到 $\zeta_i^2(t)$ 是可积的。再根据文献[117]中的引理 8.2，可直接得到 $\lim\limits_{t\to\infty}\zeta_i(t)=0$。

与此同时，考虑 z_i 子系统。该子系统关于输入 $\frac{1}{\varepsilon}\boldsymbol{A}_{i2}\zeta_i+\boldsymbol{E}_{i1}\dot{x}_i$ 和状态 z_i 是输入-状态稳定的。再结合 $\zeta_i(t)$ 和 $\dot{x}_i(t)$ 均收敛到 0 的事实可知，当 t 趋于无穷大时，$y_i(t)-x_i(t)$ 收敛到 0。利用三角不等式，即可得出定理结论。证毕。

注记 8.1 与前文考虑的不确定性不同，这里选取了串联积分器型多智能体系统，重点研究未知控制方向问题，并设计了基于 Nussbaum 函数的自适应方法。当然，处理未知控制方向的方法还有许多，比如切换策略等。另外，尽管这里只考虑了包含未知控制方向的一类最简形式的高阶多智能体系统，但不难将其推广到其他含动态或静态不确定性的协同控制场景中，感兴趣的读者可以参考集中式处理这类问题的经典文献[135,136]。

8.3 仿真实例

本节使用数值仿真来验证上述设计的有效性[129]。

考虑八个形如 $y_i^{(n_i)}=b_iu_i$ 的异质高阶多智能体系统，其中 $n_1=n_5=1$，$n_2=n_6=2$，$n_3=n_7=3$，$n_4=n_8=4$。假定它们的通信拓扑如图 8-1 所示。

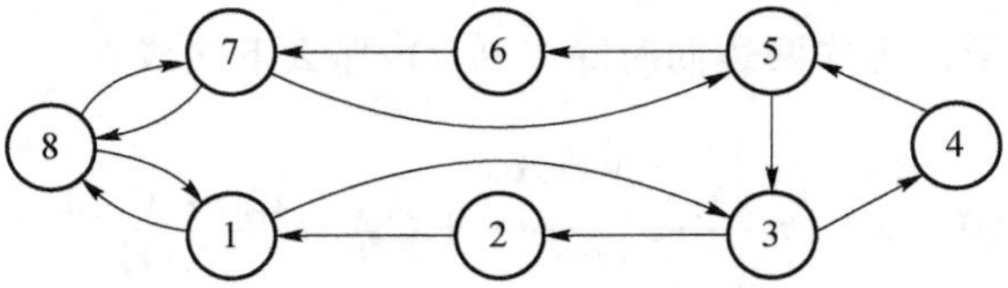

图 8-1 八个异质高阶多智能体系统的拓扑关系

依次取这些智能体的局部目标函数为

$$f_1(y)=f_5(y)=(y-8)^2,$$

$$f_2(y)=f_6(y)=\frac{y^2}{20\sqrt{y^2+1}}+y^2$$

$$f_3(y)=f_7(y)=\frac{y^2}{80\ln(y^2+2)}+(y-5)^2,$$

$$f_4(y)=f_8(y)=\ln(\mathrm{e}^{-0.05y}+\mathrm{e}^{0.05y})+y^2$$

在仿真中，我们令 $b_1=\cdots=b_8=-1$，并分别选取 $k_{21}=k_{61}=1$，$k_{31}=k_{71}=1$，$k_{32}=k_{72}=2$，$k_{41}=k_{81}=1$，$k_{42}=k_{82}=3$，$k_{43}=k_{83}=3$，$\varepsilon=0.5$，$\bar{N}(\theta)=\mathrm{e}^{\theta^2}\sin\theta$ 。为验证算法的鲁棒性，当 15 s$\leqslant t \leqslant$30 s 时，添加输入通道的噪声 $10\sin(t)$。最终的仿真效果如图 8-2 和 8-3 所示。

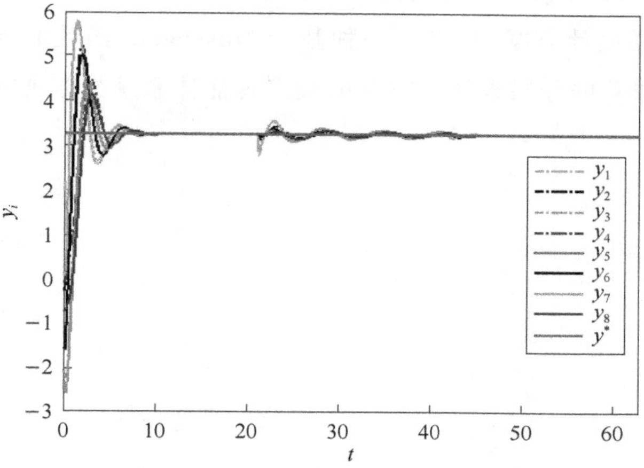

图 8-2 各智能体的输出演化曲线

图 8-2 彩图

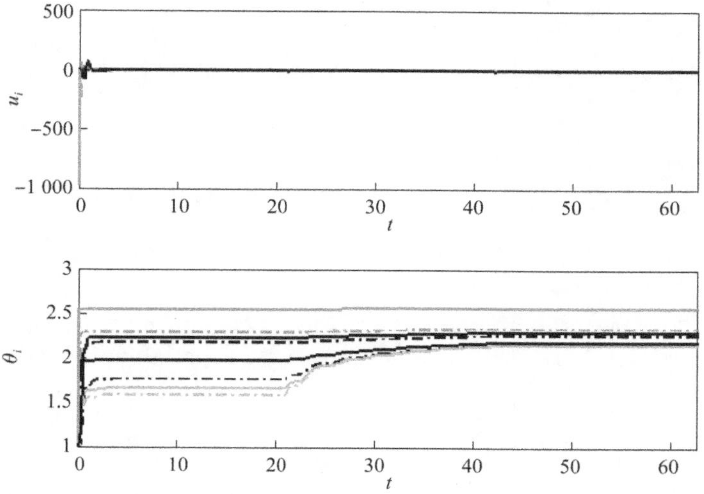

图 8-3 各智能体控制信号和自适应参数演化曲线

本章小结

本章讨论了一类控制方向未知的高阶多智能体最优一致性问题。在前文工作的基础上，采用分层设计方案，提出了一种基于 Nussbaum 函数的自适应控制算法，验证了基于抽象化的分层设计方案在处理多智能体系统控制方向不确定性中的有效性和灵活性。

第 9 章

离散时间高阶多智能体最优一致性

前面几章主要考虑连续时间下不确定高阶多智能体系统的最优一致性问题。本章主要关注一类含外部扰动的离散时间高阶多智能体系统，利用分层设计方案实现其最优一致性，并验证该方法的有效性。

9.1 问题描述

考虑 N 个离散时间的一般线性智能体如下：

$$\begin{aligned} x_i(t+1)&=Ax_i(t)+Bu_i(t)+Ew_i(t) \\ y_i(t)&=Cx_i(t),i=1,2,\cdots,N;t=0,1,2,\cdots \end{aligned} \tag{9.1}$$

其中 $x_i\in\mathbb{R}^{n_x}$ 是智能体 i 的状态变量，$u_i(t)\in\mathbb{R}^{n_u}$ 和 $y_i(t)\in\mathbb{R}^{n_y}$ 分别是其输入变量和输出变量。这里的 $d_i(t)=Ew_i(t)\in\mathbb{R}^{n_x}$ 代表系统所处环境中的外部干扰。假设它由一个如下的外系统生成：

$$w_i(t+1)=Sw_i(t),t=0,1,2,\cdots \tag{9.2}$$

其中 $w_i\in\mathbb{R}^{n_w}$ 是外系统的状态变量。不失一般性，假定三元组(C,A,B)是最小的，即该系统是能控能观的。

与前几章类似，假定每个智能体都有一个局部目标函数 $c_i:\mathbb{R}^{n_y}\to\mathbb{R}$。智能体之间的通信拓扑用加权有向图 $\mathcal{G}=\{\mathcal{N},\mathcal{E},\mathcal{A}\}$来描述。本章的主要目的是求解这样一组离散时间多智能体系统的最优一致性问题。

下面是保证问题可解的基本假设。

假设 9.1 函数 c_i 是充分光滑的，且存在两个常数 $\underline{l}$ 和 $\bar{l}$ 使得 $\underline{l}\leqslant\nabla c_i(s)\leqslant\bar{l}$

对任意 $s\in\mathbb{R}$ 均成立。

假设 9.2 图 $\mathcal{G}$ 是强连通的有向平衡图。

假设 9.3 矩阵 S 的所有特征根都不在复平面单位圆内部。

假设 9.1 和假设 9.2 的内容与前文保持一致。假设 9.3 是为了去掉外系统中收敛到零的模态。由于本书中所考虑的最优一致性问题本质上是渐近调节问题，收敛到零的模态没有实质影响，因此假设 9.3 是合理的。

与连续时间情况类似，本章所要研究的离散时间高阶多智能体最优一致性问题可描述如下。

对给定的离散时间多智能体系统〔式(9.1)所示〕、外系统〔式(9.2)所示〕、目标函数 c_i 和图 $\mathcal{G}$，设计仅使用智能体自身和邻居信息的分布式控制器，使得当 $t\to\infty$ 时，多智能体系统的输出 $y_i(t)$ 收敛到全局目标函数 $c(y)\triangleq\sum_{i=1}^{N}c_i(y)$ 的最优解 y^*。

注记 9.1 该问题显然是前文所讨论多智能体系统最优一致性问题的离散时间版本。与连续时间多智能体系统相比，离散时间多智能体系统仅关注输出一致性和最优性两点即可。当 $A=0$ 和 $B=C=1$ 时，该问题就退化为经典的分布式优化问题。

下文仅关注 $n_y=1$ 的情况，高维的推导过程基本类似。

9.2 分层设计与决策层算法分析

为求解上述问题，下面将继续沿用第 2 章提出的分层设计方案，将该问题转化成两个相对简单的子问题。

按照文献[111]的提法，对于最优一致性任务来说，使用如下形式的抽象系统：

$$z_i(t+1)=z_i(t)+v_i(t)$$

其中 $z_i\in\mathbb{R}$ 是抽象系统的状态变量，v_i 是输入变量。由于 v_i 是可以自由选择的，这种写法与常见的迭代格式 $z_i(t+1)=v_i(t)$ 是等价的。

注意到决策层的目标是生成全局最优解，而该问题的迭代算法早已讨论了很多年，有大量现成算法可以使用，这一点我们在第 1 章已经梳理过。为保持前后一致，本章使用式(6.2)所示算法的离散化版本来实现该目标。

$$
\begin{aligned}
z_i(t+1) &= z_i(t)-\gamma[\alpha \nabla c_i(z_i(t))+\beta L z_i(t)+L\lambda_i(t)] \\
\lambda_i(t+1) &= \lambda_i(t)+\gamma\alpha\beta L z_i(t),t=0,1,\cdots
\end{aligned} \tag{9.3}
$$

其中 α,β 和 γ 都是待定的正常数。

从算法的结构看,γ 本质上是使用欧拉法求微分方程数值解的迭代步长。文献[137]针对 $\alpha=\beta=1$ 时的特殊情况进行了收敛性分析,证明了无向图下该算法的有效性。下面将利用这两个可调参数来保证算法在有向图时的有效性。

为此,将该算法写成如下紧凑形式:

$$
\begin{aligned}
Z(t+1) &= Z(t)-\gamma[\alpha \nabla \tilde{c}(Z(t))+\beta L Z(t)+L\Lambda(t)] \\
\Lambda(t+1) &= \Lambda(t)+\gamma\alpha\beta L Z(t),t=0,1,\cdots
\end{aligned} \tag{9.4}
$$

令(Z^*,Λ^*)为上述系统的一个平衡点,可得到如下结论。

引理 9.1 若假设 9.1 和假设 9.2 成立,则 $Z^*=y^*\mathbf{1}_N$ 恒成立。

证明:在式(9.4)所示系统的平衡点处,下面的等式成立:

$$\alpha \nabla \tilde{c}(Z^*)+\beta L Z^*+L\Lambda^*=0, L Z^*=0$$

根据假设 9.3,$LZ^*=0$ 意味着存在常数 z_0^* 满足 $Z^*=z_0^*\mathbf{1}_N$。将上式两边都左乘向量 $\mathbf{1}^{\mathrm{T}}$,得到 $\mathbf{1}_N^{\mathrm{T}}[\alpha \nabla \tilde{c}(Z^*)+\beta L Z^*+L\Lambda^*]=\mathbf{1}_N^{\mathrm{T}} \nabla \tilde{c}(Z^*)=0$,即$\nabla c(z_0^*)=0$。根据假设 9.1,全局最优解是唯一的,则 $z_0^*=y^*$,即 $Z^*=y^*1_N$。证毕。

下面的引理表明了仅需步长 γ 足够小就可以保证算法的有效性。

引理 9.2 假设 9.1 和假设 9.2 成立。若所选参数满足如下条件:

$$\alpha \geqslant \max\left\{\frac{1}{\underline{l}},\frac{2\bar{l}^2}{\underline{l}\lambda_2},1\right\}$$

$$\beta \geqslant \max\left\{\frac{4\alpha^2\lambda_N^2}{\lambda_2^2},1\right\}$$

$$0<\gamma<\frac{1}{\beta^4(\lambda_N^2+\bar{l}^2)}$$

则从任意初始值出发,沿着式(9.3)所示系统的状态轨线,迭代序列 $z_i(t)$将指数收敛到全局目标函数的最优解 y^* 处。

证明:与引理 6.1 中连续版本算法的证明类似,下面将利用坐标转换把该问题转化成误差系统在原点处的平衡点稳定性问题。

令 $\bar{Z}_1(t)=\boldsymbol{r}^{\mathrm{T}}(Z(t)-Z^*)$,$\bar{Z}_2(t)=\boldsymbol{R}^{\mathrm{T}}(Z(t)-Z^*)$, $\bar{\Lambda}_1(t)=\boldsymbol{r}^{\mathrm{T}}\Lambda(t)$, $\bar{\Lambda}_2(t)=\boldsymbol{R}^{\mathrm{T}}\Lambda(t)$,可得到如下的误差系统:

$$\bar{Z}_1(t+1)=\bar{Z}_1(t)-\gamma\alpha\boldsymbol{r}^{\mathrm{T}}\Delta_1$$

$$\bar{Z}_2(t+1)=\bar{Z}_2(t)-\gamma\boldsymbol{R}^{\mathrm{T}}[\alpha\Delta_1+\beta L\bar{Z}(t)+LR\bar{\Lambda}_2(t)]$$

$$\bar{\Lambda}_2(t+1)=\bar{\Lambda}_2(t)+\gamma\alpha\beta\boldsymbol{R}^{\mathrm{T}}L\bar{Z}(t)$$

其中 $\bar{Z}(t)=\mathrm{col}(\bar{Z}_1(t),\bar{Z}_2(t))$，$\Delta_1\triangleq\nabla\tilde{c}(Z(t))-\nabla\tilde{c}(Z^*)$。根据假设 9.1 可以验证函数 Δ_1 关于 $\bar{Z}(t)$ 是 $\bar{l}$-Lipschitz 的。令 $\xi(t)=\bar{\Lambda}_2(t)+\alpha\boldsymbol{R}^{\mathrm{T}}\bar{Z}_2(t)$ 并记 $R_L=\boldsymbol{R}^{\mathrm{T}}LR$，可得

$$\bar{Z}_1(t+1)=\bar{Z}_1(t)-\gamma\alpha\boldsymbol{r}^{\mathrm{T}}\Delta_1$$

$$\bar{Z}_2(t+1)=\bar{Z}_2(t)-\gamma\alpha\boldsymbol{R}^{\mathrm{T}}\Delta_1-\gamma\Delta_2$$

$$\xi(t+1)=\xi(t)-\gamma\Delta_3$$

其中 $\Delta_2\triangleq\beta R_L\bar{Z}_2(t)+R_L\xi(t)-\alpha R_L\bar{Z}_2(t)$，$\Delta_3\triangleq\alpha R_L\xi(t)+\alpha^2\boldsymbol{R}^{\mathrm{T}}\Delta_1-\alpha^2R_L\bar{Z}_2(t)$。

为证明算法的指数收敛性，只需证明上述误差系统在原点处的指数稳定性。为此，取二次型 Lyapunov 函数 $V(\bar{Z}(t),\xi(t))=\|\bar{Z}(t)\|^2+\frac{1}{\alpha^3}\|\xi(t)\|^2$。该函数显然是正定的。直接使用 $V(t)$ 代替该函数在 t 时刻的取值。沿上述误差系统的状态轨线求差分 $\Delta(t)\triangleq V(t+1)-V(t)$，可知它满足如下不等式：

$$\begin{aligned}\Delta(t)=&\|\bar{Z}_1(t)-\gamma\alpha\boldsymbol{r}^{\mathrm{T}}\Delta_1\|^2-\|\bar{Z}_2(t)-\gamma\alpha\boldsymbol{R}^{\mathrm{T}}\Delta_1-\gamma\Delta_2\|^2-\\&\|\bar{Z}(t)\|^2+\|\xi(t)-\gamma\Delta_3\|^2-\|\xi(t)\|^2\\\leqslant&-2\gamma\alpha\underline{l}\|\bar{Z}(t)\|^2+\gamma^2\alpha^2\|\Delta_1\|^2+\gamma^2\|\Delta_2\|^2-2\gamma^2\alpha\boldsymbol{\Delta}_1^{\mathrm{T}}R\Delta_2+\\&\frac{\gamma^2}{\alpha^3}\|\Delta_3\|^2-2\gamma\bar{\boldsymbol{Z}}_2^{\mathrm{T}}(t)\Delta_2-\frac{2\gamma}{\alpha^3}\xi(t)\Delta_3\end{aligned}$$

使用 Young 不等式对上式中的最后两个交叉项进行放缩可知：

$$\begin{aligned}-2\gamma\bar{\boldsymbol{Z}}_2^{\mathrm{T}}(t)\Delta_2=&-2\gamma\bar{\boldsymbol{Z}}_2^{\mathrm{T}}(t)[\beta R_L\bar{Z}_2(t)+R_L\xi(t)-\alpha R_L\bar{Z}_2(t)]\\\leqslant&-2\gamma\beta\lambda_2\|\bar{Z}_2(t)\|^2+2\gamma\alpha\lambda_N\|\bar{Z}_2(t)\|^2-2\gamma\bar{\boldsymbol{Z}}_2^{\mathrm{T}}R_L\xi(t)\\\leqslant&-\gamma\left(2\beta\lambda_2-2\alpha\lambda_N-\frac{3\alpha^2\lambda_N^2}{\lambda_2}\right)\|\bar{Z}_2(t)\|^2+\frac{\gamma\lambda_2}{3\alpha^2}\|\xi(t)\|^2\end{aligned}$$

$$\begin{aligned}-2\gamma\boldsymbol{\xi}^{\mathrm{T}}(t)\Delta_3\leqslant&-2\gamma\boldsymbol{\xi}^{\mathrm{T}}(t)[\alpha R_L\xi(t)+\alpha^2\boldsymbol{R}^{\mathrm{T}}\Delta_1-\alpha^2R_L\bar{Z}_2(t)]\\\leqslant&-2\gamma\alpha\lambda_2\|\xi(t)\|^2-2\gamma\alpha^3\boldsymbol{\xi}^{\mathrm{T}}(t)\boldsymbol{R}^{\mathrm{T}}\Delta_1+2\gamma\alpha^2\xi(t)R_L\bar{Z}_2(t)\\\leqslant&-\frac{4}{3}\gamma\alpha\lambda_2\|\xi(t)\|^2+\frac{3\gamma\alpha^3\bar{l}^2}{\lambda_2}\|\bar{Z}(t)\|^2+\frac{3\gamma\alpha^3\lambda_N^2}{\lambda_2}\|\bar{Z}_2(t)\|^2\end{aligned}$$

将这两个不等式代入 $\Delta(t)$ 得到

$$\begin{aligned}\Delta(t)\leqslant&-\gamma\left(2\alpha\underline{l}-\frac{3\bar{l}^2}{\lambda_2}\right)\|\bar{Z}(t)\|^2-\frac{\gamma\lambda_2}{\alpha^2}\|\xi(t)\|^2+2\gamma^2\|\Delta_2\|^2+\frac{\gamma^2}{\alpha^3}\|\Delta_3\|^2+\\&2\gamma^2\alpha^2\|\Delta_1\|^2+\gamma\left(2\beta\lambda_2-2\alpha\lambda_N-\frac{3\alpha^2\lambda_N^2}{\lambda_2}-\frac{3\lambda_N^2}{\lambda_2}\right)\|\bar{Z}_2(t)\|^2\end{aligned}$$

将引理中 α 和 β 的条件代入上式得到

$$\Delta(t)\leqslant-\frac{\gamma}{2}V(t)+2\gamma^2\alpha^2\|\Delta_1\|^2+2\gamma^2\|\Delta_2\|^2+\frac{\gamma^2}{\alpha^3}\|\Delta_3\|^2$$

至此，再次使用 Young 不等式放缩 Δ_1，Δ_2 和 Δ_3：

$$\|\Delta_1\|^2\leqslant\bar{l}^2\|\bar{Z}(t)\|^2$$

$$\begin{aligned}\|\Delta_2\|^2&\leqslant 2\max\{(\beta-\alpha)^2,1\}\lambda_N^2(\|\bar{Z}_2(t)\|^2+\|\xi(t)\|^2)\\&\leqslant 2\beta^2\lambda_N^2(\|\bar{Z}_2(t)\|^2+\|\xi(t)\|^2)\end{aligned}$$

$$\begin{aligned}\frac{\|\Delta_3\|^2}{\alpha^3}&\leqslant\frac{1}{\alpha}\|R_L\xi(t)+\alpha\boldsymbol{R}^{\mathrm{T}}\Delta_1-\alpha R_L\bar{Z}_2(t)\|^2\\&\leqslant\frac{3\lambda_N^2}{\alpha}\|\xi(t)\|^2+3\alpha\bar{l}^2\|\bar{Z}(t)\|^2+3\alpha\lambda_N^2\|\bar{Z}_2(t)\|^2\end{aligned}$$

将这些不等式代回差分 $\Delta(t)$后，满足如下不等式：

$$\begin{aligned}\Delta(t)\leqslant&-\frac{\gamma}{2}V(t)+2\gamma^2\alpha^2\bar{l}^2\|\bar{Z}(t)\|^2+4\gamma^2\beta^2\lambda_N^2\|\bar{Z}_2(t)\|^2+4\gamma^2\beta^2\lambda_N^2\|\xi(t)\|^2+\\&\frac{3\gamma^2\lambda_N^2}{\alpha}\|\xi(t)\|^2+3\gamma^2\alpha\lambda_N^2\|\bar{Z}_2(t)\|^2+3\gamma^2\alpha\bar{l}^2\|\bar{Z}(t)\|^2\\\leqslant&-\frac{\gamma}{2}V(t)+5\gamma^2\beta^2(\bar{l}^2+\lambda_N^2)(\|\bar{Z}_2(t)\|^2+\|\xi(t)\|^2)\\\leqslant&-\frac{\gamma}{2}V(t)+5\gamma^2\beta^2(\bar{l}^2+\lambda_N^2)\alpha^3V(t)\\\leqslant&-\frac{\gamma}{2}V(t)+\frac{5}{16}\gamma^2\beta^4(\bar{l}^2+\lambda_N^2)V(t)\end{aligned}$$

根据 γ 的条件可将上述不等式进一步化简为

$$\Delta(t)\leqslant-\frac{3\gamma}{16}V(t)$$

根据文献[138]中的定理 2，即可得到 $V(t)$的指数收敛的性质。因此，当时间 t 趋近无穷时，$\bar{Z}(t)$也收敛到 0。证毕。

注记 9.2 上述引理中的参数条件当然仅是充分的，其取值相对保守一些。在实际问题中可以通过先增大 α 和 β，再逐步减小 γ 这样的策略，进行多次仿真，以确定可行的参数。

设计完决策层的最优一致性算法后，接下来只需关注接口函数的设计问题，保证控制层智能体 i 的输出 y_i 跟得上决策层信号 z_i 即可。

9.3 最优一致性算法及其有效性分析

鉴于智能体的动力学中包含外部干扰，本节首先给出无外部扰动时的最优一致性算法，然后通过观测器方法将其推广到一般情况。

考虑无外部扰动时的多智能体系统：

$$\begin{aligned} x_i(t+1) &= \boldsymbol{A}x_i(t)+\boldsymbol{B}u_i(t) \\ y_i(t) &= \boldsymbol{C}x_i(t),t=0,1,\cdots \end{aligned} \tag{9.5}$$

为保证其接口函数的可构造性，假定如下条件成立。

假设 9.4 存在恰当维数的常矩阵 $\boldsymbol{X},\boldsymbol{U}$ 满足：$\boldsymbol{0}=(\boldsymbol{A}-\boldsymbol{I})\boldsymbol{X}+\boldsymbol{BU},\boldsymbol{1}=\boldsymbol{CX}$。

该假设意味着离散时间系统调节器方程组的可解性，是保证式(9.5)所示系统实现任意定点调节的充要条件。

记 $x_{i,s}(t)=\boldsymbol{X}z_i(t),u_{i,s}(t)=\boldsymbol{U}z_i(t)$，并令 $\bar{x}_i(t)=x_i(t)-x_{i,s}(t),\bar{u}_i(t)=u_i(t)-u_{i,s}(t)$，可得如下跟踪误差系统：

$$\begin{aligned} \bar{x}_i(t+1) &= \boldsymbol{A}\bar{x}_i(t)+\boldsymbol{B}\bar{u}_i(t)-\boldsymbol{X}v_i(t) \\ e_i(t) &= \boldsymbol{C}\bar{x}_i(t),t=0,1,\cdots \end{aligned}$$

由智能体动力学的能控性，选择增益矩阵 $\boldsymbol{F}$，使得 $\boldsymbol{A}+\boldsymbol{BF}$ 是 Schur 稳定的。为保证跟踪误差的收敛性，取 $\bar{u}_i=\boldsymbol{F}\bar{x}_i(t)$，对应智能体 i 的实际控制器为

$$u_i(t)=\boldsymbol{F}x_i(t)+(\boldsymbol{U}-\boldsymbol{FX})z_i(t)$$

将接口函数与决策层算法相结合，我们给出下述分布式控制器：

$$\begin{aligned} u_i(t) &= \boldsymbol{F}x_i(t)+(\boldsymbol{U}-\boldsymbol{FX})z_i(t) \\ z_i(t+1) &= z_i-\gamma Lz_i(t)-\gamma L\lambda_i(t)-\gamma\nabla c_i(z_i(t)) \\ \lambda_i(t+1) &= \lambda_i(t)+\gamma Lz_i(t) \end{aligned} \tag{9.6}$$

下面是本章的第一个主要定理。

定理 9.1 若假设 9.1 至假设 9.4 成立，则式(9.6)所示算法可保证式(9.1)所示的离散时间多智能体系统实现最优一致性。

在给出定理证明之前，首先分析接口函数的基本性能。为此，将误差系统整理成如下形式：

$$\begin{aligned} \bar{x}_i(t+1) &= (\boldsymbol{A}+\boldsymbol{BF})\bar{x}_i(t)-\boldsymbol{X}v_i(t) \\ e_i(t) &= \boldsymbol{C}\bar{x}_i(t),t=0,1,\cdots \end{aligned} \tag{9.7}$$

引理 9.3 考虑式(9.7)所示的误差系统并假定矩阵 $\boldsymbol{A}+\boldsymbol{BF}$ 是 Schur 稳定的，则一定存在常数 $c>0$ 满足如下关系式：

$$\lim_{t\to\infty}\sup\|e_i(t)\|\leqslant c\lim_{t\to\infty}\sup\|v_i(t)\|$$

并且当$\lim\limits_{t\to\infty}v_i(t)=0$ 时，$\lim\limits_{t\to\infty}e_i(t)=0$ 也成立。

证明：在不至混淆的前提下，记 $\boldsymbol{K}=\boldsymbol{A}+\boldsymbol{BF}$，$\boldsymbol{H}=-\boldsymbol{X}$，通过对误差系统两侧乘以相同的变量 K^{t-i}，然后将它们从 $i=0$ 到 $t-1$ 进行累加可得

$$\bar{x}_i(t)=\boldsymbol{K}^t\bar{x}_i(0)+\sum_{j=0}^{t-1}K_i^{t-1-j}\boldsymbol{H}v_i(j),t=1,2,\cdots$$

根据引理 9.2 可知，当 $t\to\infty$时，$v_i(t)$收敛到 0。那么序列$\{\|v_i(t)\|\}$是一致有界的，$b_i\triangleq\lim\limits_{t\to\infty}\sup\|v_i(t)\|$是一个有限值。根据 b_i 的定义，对于任一给定的正常数 $\varepsilon>0$，都存在整数 M，使得当 $t>M$ 时，$\|v_i(t)\|<b_i+\varepsilon$ 总成立。

现在考虑 e_i 的估计问题。利用 $\boldsymbol{CX}=\boldsymbol{1}$ 并将其分成两部分可得：

$$\begin{aligned}e_i(t)&=\boldsymbol{CK}^t\bar{x}_i(0)+\boldsymbol{C}\sum_{j=0}^{t-1}\boldsymbol{K}^{t-1-j}\boldsymbol{H}v_i(j)\\&=\boldsymbol{CK}^t\bar{x}_i(0)-\sum_{j=0}^{t-1}\boldsymbol{K}^{t-1-j}v_i(j)\end{aligned}$$

由于 $\boldsymbol{K}$ 是 Schur 稳定的，第一项的极限为 0，即$\lim\limits_{t\to\infty}\boldsymbol{CK}^t\bar{x}_i(0)=0$。因此，直接忽略第一项，不影响对$\{\|e_i(t)\|\}$上极限的估计。将后一项分为两个部分可得：

$$\begin{aligned}\|e_i(t)\|&=\left\|\sum_{j=0}^{M}\boldsymbol{K}^{t-1-j}v_i(j)+\sum_{j=M+1}^{t-1}\boldsymbol{K}^{t-1-j}v_i(j)\right\|\\&\leqslant\left\|\sum_{j=0}^{M}\boldsymbol{K}^{t-1-j}v_i(j)\right\|+\left\|(b_i+\varepsilon)\sum_{j=M_i+1}^{t-1}\boldsymbol{K}^{t-1-j}\right\|\\&\leqslant\sum_{j=0}^{M}\|\boldsymbol{K}^{M-j}v_i(j)\|\cdot\|\boldsymbol{K}^{t-1-M}\|+(b_i+\varepsilon)\sum_{j=M_i+1}^{t-1}\|\boldsymbol{K}\|^{t-1-j}\end{aligned}$$

利用等比数列求和公式和$\lim\limits_{r\to\infty}\|\boldsymbol{K}\|^{t-1-M}=0$ 可得

$$\lim_{t\to\infty}\sup\|e_i\|\leqslant\frac{1}{1-\|\boldsymbol{K}\|}(b_i+\varepsilon)$$

取 $c=1/(1-\|\boldsymbol{K}\|)$，由 ε 的任意性可得

$$\lim_{t\to\infty}\sup\|e_i(t)\|\leqslant c\lim_{t\to\infty}\sup\|v_i(t)\|$$

证毕。

现在重新回到定理 9.1 的证明。

证明：令 $\tilde{x}_i(t)=x_i(t)-\boldsymbol{X}y^*$，可得

$$\tilde{x}_i(t+1)=\boldsymbol{A}x_i(t)+\boldsymbol{B}u_i(t)=(\boldsymbol{A}+\boldsymbol{BF})\tilde{x}_i(t)+\boldsymbol{B}(\boldsymbol{U}-\boldsymbol{FX})(z_i(t)-y^*)$$

此处应用了假设 9.4。由引理 9.1 可知，$\lim\limits_{t\to\infty} z_i(t)=y^*$ 成立。将 $\boldsymbol{B}(\boldsymbol{U}-\boldsymbol{FX})(z_i(t)-y^*)$视为 $v_i(t)$，则根据引理 9.3 可知当时间 $t\to\infty$时，误差 $y_i(t)-y^*$ 收敛到零。证毕。

现在回到原问题，考虑带外部干扰时的最优一致性问题。类似地，下面是调节器方程组可解性的假设。

假设 9.5 存在合适维度的常数矩阵 $\boldsymbol{X}_1,\boldsymbol{X}_2$ 和 $\boldsymbol{U}_1,\boldsymbol{U}_2$ 满足

$$\boldsymbol{X}_1=\boldsymbol{AX}_1+\boldsymbol{BU}_1,\boldsymbol{1}=\boldsymbol{CX}_1$$

$$\boldsymbol{X}_2\boldsymbol{S}=\boldsymbol{AX}_2+\boldsymbol{BU}_2+\boldsymbol{E},\boldsymbol{0}^{\mathrm{T}}=\boldsymbol{CX}_2$$

此时智能体的稳态状态为 $\boldsymbol{X}_1y^*+\boldsymbol{X}_1w(t)$，稳态输入为 $\boldsymbol{U}_1y^*+\boldsymbol{U}_2w(t)$。根据输出调节的经典结论，若取增益矩阵 $\boldsymbol{K}$ 满足 $\boldsymbol{A}+\boldsymbol{BK}$ 是 Schur 稳定的，并令 $\boldsymbol{K}_1=\boldsymbol{U}_1-\boldsymbol{KX}_1,\boldsymbol{K}_2=\boldsymbol{U}_2-\boldsymbol{KX}_2$，则如下形式的全信息控制器：

$$u_i^0(t)=\boldsymbol{K}x_i(t)+\boldsymbol{K}_1y^*+\boldsymbol{K}_2w_i(t),t=0,1,\cdots$$

可保证 $e_i(t)\triangleq y_i(t)-y^*=\boldsymbol{C}\tilde{x}_i(t)$收敛为零。但遗憾的是，我们并没有干扰信号的全状态信息 $w_i(t)$。这启发我们通过基于观测器的方法来估计和补偿它们。

假设 9.6 矩阵对$\left(\begin{bmatrix}\boldsymbol{C} & \boldsymbol{0}\end{bmatrix},\begin{bmatrix}\boldsymbol{A} & \boldsymbol{E}\\ \boldsymbol{0} & \boldsymbol{S}\end{bmatrix}\right)$是能观的。

为此，构造如下形式的 Luenberger 全状态观测器来估计外部干扰的全状态：

$$\tilde{x}_i(t+1)=(\boldsymbol{A}+\boldsymbol{L}_1\boldsymbol{C})\tilde{x}_i(t)+\boldsymbol{B}u_i(t)+\boldsymbol{E}\tilde{w}_i(t)-\boldsymbol{L}_1y_i$$

$$\tilde{w}_i(t+1)=\boldsymbol{S}\tilde{w}_i(t)+\boldsymbol{L}_2(\boldsymbol{C}\tilde{x}_i(t)-y_i)$$

其中 $\boldsymbol{L}_1$ 和 $\boldsymbol{L}_2$ 是使下面的矩阵 Schur 稳定的增益：

$$\begin{bmatrix}\boldsymbol{A}+\boldsymbol{L}_1\boldsymbol{C} & \boldsymbol{E}\\ \boldsymbol{L}_2\boldsymbol{C} & \boldsymbol{S}\end{bmatrix}$$

结合决策层算法，最终给出如下形式的分布式算法：

$$\begin{aligned}
u_i(t)&=\boldsymbol{K}\tilde{x}_i(t)+\boldsymbol{K}_1z_i(t)+\boldsymbol{K}_2\tilde{w}_i(t)\\
\tilde{x}_i(t+1)&=(\boldsymbol{A}+\boldsymbol{L}_1\boldsymbol{C})\tilde{x}_i(t)+\boldsymbol{B}u_i(t)+\boldsymbol{E}\tilde{w}_i(t)-\boldsymbol{L}_1y_i\\
\tilde{w}_i(t+1)&=\boldsymbol{S}\tilde{w}_i(t)+\boldsymbol{L}_2(\boldsymbol{C}\tilde{x}_i(t)-y_i)\\
z_i(t+1)&=z_i(t)-\gamma(\alpha\nabla f_i(z_i(t))+\beta\boldsymbol{L}z_i(t)+\boldsymbol{L}\boldsymbol{\lambda}_i(t))\\
\lambda_i(t+1)&=\lambda_i(t)+\gamma\alpha\beta\boldsymbol{L}z_i(t),\quad t=0,1,\cdots
\end{aligned}\tag{9.8}$$

下面的定理表明了该算法的有效性。

定理 9.2 若假设 9.1 至假设 9.3、假设 9.5 和假设 9.6 成立，则式(9.8)所示

算法可保证式(9.1)所示的离散时间多智能体系统实现最优一致性。

该定理的证明与定理 9.1 基本类似，只不过在利用引理 9.2 进行收敛性分析时取的 v_i 稍有不同，该部分留给感兴趣的读者自行练习。

注记 9.3 与现有大多数离散时间多智能体系统的分布式优化问题不同，此处进一步利用分层设计方案，将其推广到了具有非平凡干扰的高阶线性多智能体系统中。

9.4 仿真实例

本节用数值仿真来验证上述算法的有效性[139]。

考虑包含四个智能体的多智能体系统，智能体的动力学方程如下：

$$x_i(t+1)=\begin{bmatrix}1 & 1\\0 & 1\end{bmatrix}x_i(t)+\begin{bmatrix}0.5\\1\end{bmatrix}u_i(t)+d_i(t)$$

$$y_i(t)=\begin{bmatrix}1 & 0\end{bmatrix}x_i(t),t=0,1,2,\cdots$$

其中外部干扰 $d_i(t)$ 由形如式(9.2)的外系统产生，对应的生成矩阵为

$$\boldsymbol{E}=\begin{bmatrix}0.5 & 0.5\\ \sin(1)-\cos(1) & -\cos(1)-\sin(1)\end{bmatrix},\boldsymbol{S}=\begin{bmatrix}\cos(1) & \sin(1)\\ -\sin(1) & \cos(1)\end{bmatrix}$$

假定智能体之间的通信拓扑是一个各边权值为 1 的有向环，取与第 4 章相同的局部目标函数。可验证假设 9.1 至假设 9.3 均成立。同时，假设 9.5 有如下解矩阵：

$$\boldsymbol{X}_1=\begin{bmatrix}1\\0\end{bmatrix},\boldsymbol{U}_1=0,\boldsymbol{X}_2=\begin{bmatrix}0 & 0\\-1 & -1\end{bmatrix},\boldsymbol{U}_2=\begin{bmatrix}2 & 2\end{bmatrix}$$

又$(\boldsymbol{E},\boldsymbol{S})$是能观性的，则根据 PBH 判据，假设 9.6 也成立。

根据定理 9.2，可利用式(9.8)所示算法来求解上述问题。在仿真中，我们取 $\alpha=1,\beta=15,\gamma=0.04$。多智能体系统跟踪控制器中的增益矩阵选择如下：

$$\boldsymbol{K}=\begin{bmatrix}-0.4345\\-1.0285\end{bmatrix}^{\mathrm{T}},\boldsymbol{L}_1=\begin{bmatrix}-1.8184\\-0.3543\end{bmatrix},\boldsymbol{L}_2=\begin{bmatrix}-0.1527\\-0.3141\end{bmatrix}$$

信号发生器的性能如图 9-1 和图 9-2 所示。完整最优一致性控制器的仿真结果如图 9-3 所示。不难发现，多智能体系统的输出全部收敛到全局最优解 y^*。

此外，我们在时间 $t=2\,000$ 到时间 $t=2\,250$ 之间关闭了控制器中的干扰补偿器(设置 $K=0$)，发现这些智能体会继续实现设计目标。重新启动补偿器后，系统输出重又收敛到全局最优解上，这充分体现了本章所设计的分布式控制器的干扰

抑制能力。

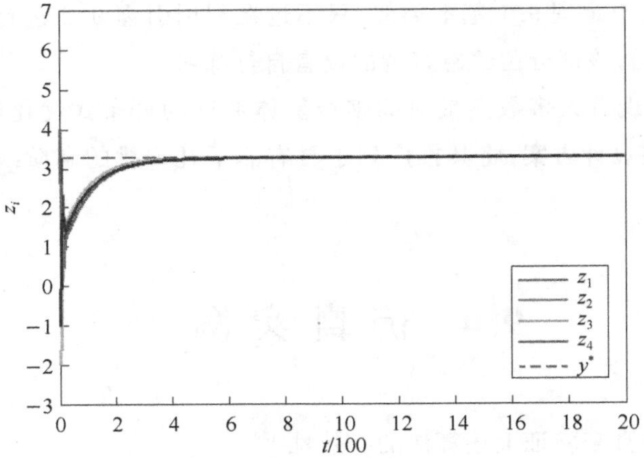

图 9-1　决策层算法中 z_i 的演化曲线

图 9-1 彩图

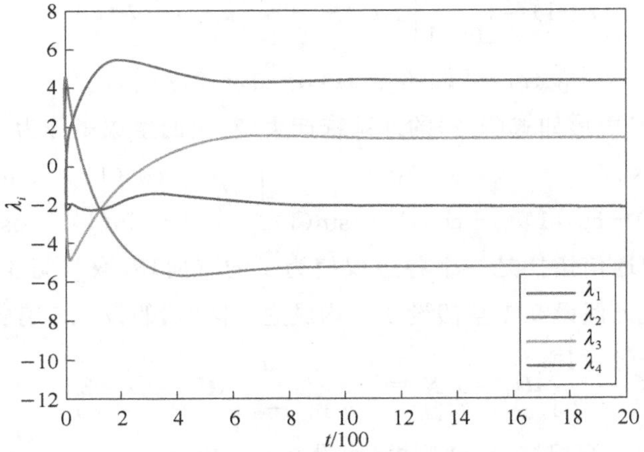

图 9-2　决策层算法中乘子的演化曲线

图 9-2 彩图

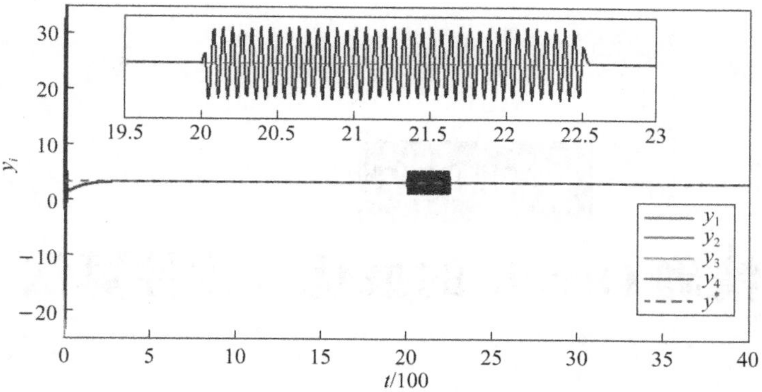

图 9-3 各智能体的输出演化曲线

图 9-3 彩图

本章小结

本章主要研究了离散时间高阶多智能体的最优一致性问题。与连续时间情况类似,本章采用分层设计方案,将该问题转化为简单的子问题,最终构造了两类不同的最优一致性算法,验证了分层设计的有效性,同时有助于发现其可能的不足之处,为进一步设计更加高效的控制算法奠定了基础。

第10章

基于非精确 Oracle 的最优一致性算法

前面几章主要关心多智能体的高阶动力学及不确定性对最优一致性问题的影响,并设计了相应的补偿措施。其实,多智能体的最优一致性设计的决策层也存在各式各样的不确定性。本章将从非精确 Oracle 的概念出发,就这方面的问题做简单讨论。

10.1 问题描述

考察如下形式的最优一致性问题:

$$\min c(x) = \sum_{i=1}^{N} c_i(x)$$

其中 N 为智能体的个数,$c_i(x)$是智能体 i 的局部目标函数。不失一般性,假设该问题的最优值是有限值 c^*,最优解集非空,并记作$\chi^* = \{x \in \mathbb{R} \mid c(x) = c^*\}$。

假定每个智能体对 x^* 有各自的估计 x_i,它们借助通信网络进行信息交互。本章的设计目标实际上是为 x_i 设计分布式的迭代更新规则,保证它能收敛到全局问题的最优解 x^*。

该问题本质上是针对形如 $x_i(t+1) = x_i(t) + v_i(t)$的一阶多智能体系统的最优一致性问题。在前面的算法设计中,我们总假设 $\mathcal{O}(c_i)$能提供目标函数在任意点处的精确一阶信息。但在实际应用中除非事先知道函数的一些结构信息(如解析表达式等),很难求得其精确的一阶信息(尤其是次梯度)。与此同时,很多问题中的目标函数是由一系列辅助优化问题定义的，更无法直接获取其精确一阶信息。为此，本章考虑基于近似信息的决策层算法设计问题。

下面是关于目标函数局部信息模型的假设。

假设 10.1 函数 $c_i(x)$是连续的，且 $\mathcal{O}(c_i)$是其(δ,L)非精确 Oracle。

非精确 Oracle 的概念最早由文献[140]提出，得到了数学规划领域的关注。简单来说，(δ,L)-Oracle 可为函数 $c_i(x)$提供一些近似一阶信息，其中 δ 表示非精确 Oracle 的精度。当 $\delta=0$ 时，提供的即为函数 $c_i(x)$的精确一阶信息。

下面将首先设计基于近似一阶信息的最优一致性算法，并分析近似信息导致的算法次优性，然后给出一组可保证各智能体局部估计值能收敛到最优值的充分条件。

10.2 主要结果

假设 10.2 多智能体系统的通信拓扑是无向且连通的固定图。

记 w_{ij} 为智能体 i 和智能体 j 之间的连接权重，$W=[w_{ij}]_{N\times N}$ 为多智能体系统的权重矩阵。假设 10.3 是常用的假设。

假设 10.3 权重矩阵 W 是双随机矩阵；对于任意的 $i=1,\cdots,N$，存在常数 $\eta>0$ 使得 $w_{ii}\geqslant\eta$；如果$(j,i)\in\mathcal{E}$，则 $w_{ij}\geqslant\eta$。

受到文献[72]的启发，本章考虑如下基于近似一阶信息的分布式原始算法：

$$x_i(k+1)=\sum_{j=1}^{N}w_{ij}x_j(k)-\alpha_k g_{i,\delta}(k) \tag{10.1}$$

其中 $g_{i,\delta}(k)$代表(δ,L)-Oracle 提供的 $c_i(x)$在点 $x_i(k)\in\mathbb{R}$ 处的近似次梯度。令 $x(k)=\mathrm{col}(x_1(k),\cdots,x_N(k))$，$g_\delta(x(k))=\mathrm{col}(g_{1,\delta}(k),\cdots,g_{N,\delta}(k))$，可将该算法写成如下紧凑形式：

$$x(k+1)=Wx(k)-\alpha_k g_\delta(x(k)) \tag{10.2}$$

下文中将用 $g_\delta(k)$替代 $g_\delta(x(k))$。

下面是关于这些近似次梯度的一个有界性假设。

假设 10.4 近似次梯度序列$\{g_{i,\delta}(k)\}$是一致有界的，即存在常数 $C>0$，对于任意的 $i=1,\cdots,N$ 和 $k\geqslant0$，$\|g_{i,\delta}(k)\|<C$ 恒成立。

该假设只是为了简化分析，实际使用中可通过归一化技术去掉。感兴趣的读者可参考文献[141]提出的分布式归一化方法。

引理 10.1 若假设 10.1 至假设 10.4 成立，取满足 $\lim_{k\to\infty}\alpha_k=0$ 的正步长 α_k，则沿着式(10.1)所示算法的状态轨线，当 $k\to+\infty$ 时，所有智能体的输出趋于一致，收敛于时刻 k 时所有智能体状态的平均值。

证明： 记 $x_{av}(k)=\frac{\mathbf{1}^{\mathrm{T}}}{N}x(k)$，并令 $\bar{x}(k)=x(k)-\mathbf{1}x_{av}(k)$，可知所有智能体状态的平均值 $\bar{x}$ 满足如下演化规律：

$$\bar{x}(k+1)=\boldsymbol{Q}\bar{x}(k)-\alpha_k\boldsymbol{R}g_{\delta}(k)$$

其中 $\boldsymbol{Q}=\boldsymbol{W}-\frac{\mathbf{1}\mathbf{1}^{\mathrm{T}}}{N}$，$\boldsymbol{R}=\boldsymbol{I}_m-\frac{\mathbf{1}\mathbf{1}^{\mathrm{T}}}{N}$。进一步可将其写成如下求和的形式：

$$\bar{x}(k+1)=\boldsymbol{Q}^{k-K+1}\bar{x}(K)-\sum_{k'=K}^{k}\alpha_{k'}\boldsymbol{Q}^{k-k'}\boldsymbol{R}g_{\delta}(k')$$

对于任意的 $K>0$ 和 $k>K$ 成立。

为了证明 $\bar{x}(k)$ 的收敛性，使用 $\varepsilon-\delta$ 语言。只需证明对于任意的 $\varepsilon>0$，存在充分大的正整数 K，当 $k>K$ 时，$\|\bar{x}(k+1)\|<\varepsilon$ 成立。

根据矩阵 $\boldsymbol{Q}$ 的定义，可知 $\boldsymbol{Q}^k=\boldsymbol{W}^k-\frac{\mathbf{1}\mathbf{1}^{\mathrm{T}}}{N}$。再由 $\sqrt{1-\mu}\leqslant 1-\frac{\mu}{2}$ 对任意 $0<\mu<1$ 都成立，可得：

$$\|\boldsymbol{Q}^k\|_F\leqslant N\max_{i,j}\left\{\left|[\boldsymbol{W}^k]_{ij}-\frac{1}{N}\right|\right\}\leqslant N\sqrt{\left(1-\frac{\eta}{2N^2}\right)^{k-1}}\leqslant N\left(1-\frac{\eta}{4N^2}\right)^{k-1}$$

记 $q=1-\frac{\eta}{4N^2}$，可将上式简写为 $\|\boldsymbol{Q}^k\|_F\leqslant Nq^{k-1}$。

根据假设 10.4，可知 $\|g_{\delta}(k)\|\leqslant\sqrt{N}C$ 成立，进而有

$$\begin{aligned}\|\bar{x}(k+1)\|&\leqslant Nq^{k-K}\|\bar{x}(K)\|+N^{3/2}\|\boldsymbol{R}\|C\sum_{k'=K}^{k}\alpha_{k'}q^{k-k'-1}\\&\leqslant Nq^{k-K}\|\bar{x}(K)\|+\sup_{k'\geqslant K}\{\alpha_{k'}\}\frac{m^{3/2}C\|R\|}{q(1-q)}\end{aligned}$$

结合步长条件 $\lim_{k\to\infty}\alpha_k=0$ 可知，对于任意给定的 $\varepsilon>0$，存在充分大的整数 K 使得

$$\sup_{k'\geqslant K}\{\alpha_{k'}\}\leqslant\frac{q(1-q)\varepsilon}{2N^{3/2}C\|R\|}$$

成立；同时，因为 $0<q<1$，存在 $K'>K$，使得当 $k>K'$ 时，$q^{k-K}<\frac{\varepsilon}{2N\|\bar{x}(K)\|}$ 成立。

综上，当 $k>K'$ 时，$\|\bar{x}(k+1)\|<\varepsilon$ 总成立。证毕。

由上述引理可知，当步长 α_k 衰减到 0 时，所有智能体对全局最优解的估计最终趋于一致，均收敛于它们估计的平均值。因此，接下来只需关注智能体的平均估计值的演化即可。

为此，在式(10.2)所示的算法两边同时左乘以 $\frac{\mathbf{1}^{\mathrm{T}}}{N}$，可得：

$$x_{av}(k+1)=x_{av}(k)-\alpha_k\frac{\mathbf{1}^{\mathrm{T}}g_\delta(k)}{N}$$

记 $\Delta_i(k)=g_{i,\delta}(k)^{\mathrm{T}}(x_i(k)-x_{av}(k))$。根据 (δ,L)-Oracle 的定义，可得：

$$c_i(y_i)-c_{i,\delta}(k)-g_{i,\delta}(k)^{\mathrm{T}}(y_i-x_{av}(k))+\Delta_i(k)\geqslant 0$$

$$c_i(y_i)-c_{i,\delta}(k)-g_{i,\delta}(k)^{\mathrm{T}}(y_i-x_{av}(k))+\Delta_i(k)\leqslant L\|y_i-x_{av}(k)\|^2+L\|x_{av}(k)-x_i(k)\|^2+\delta$$

记 $y=\mathrm{col}(\boldsymbol{y}_1,\cdots,y_N)$，将上述不等式依次累加得到：

$$\begin{aligned}&\Xi(y,k)\geqslant 0\\&\Xi(y,k)\leqslant L\|y-\mathbf{1}^{\mathrm{T}}x_{av}(k)\|^2+L\|\bar{x}(k)\|^2+N\delta\end{aligned}\tag{10.3}$$

其中 $\Xi(y,k)\triangleq\sum_{i=1}^{N}c_i(y_i)-\left(\sum_{i=1}^{N}c_{i,\delta}(k)-\sum_{i=1}^{N}\Delta_i(k)\right)-\sum_{i=1}^{N}g_{i,\delta}(k)^{\mathrm{T}}(y_i-x_{av}(k))$。式(10.3)的两个不等式可以理解成函数 $c(x)$ 在计算点 $x_{av}(k)$ 处的一阶信息时应用了一阶 (δ,L)-Oracle。$\sum_{i=1}^{N}c_{i,\delta}(k)-\sum_{i=1}^{N}\Delta_i(k)$ 和 $\sum_{i=1}^{N}g_{i,\delta}(k)$ 可当作函数 $c(x)$ 在点 $x_{av}(k)$ 处的近似函数值和近似次梯度，其中非精确 Oracle 的精度为 $L\|\bar{x}(k)\|^2+N\delta$，又由于 $\|\bar{x}(k)\|$ 收敛到 0，那么非精确 Oracle 的精度最终为 $\frac{N}{\Delta}$。这意味着上述算法最终只能计算出全局目标函数的一个近似最小解。

定理 10.1 若假设 10.1 至假设 10.4 成立，取衰减正步长 α_k 满足

$$\sum_{k=1}^{+\infty}\alpha_k=+\infty,\quad\sum_{k=1}^{+\infty}\alpha_k^2<+\infty$$

则沿着式(10.1)所示算法的状态轨线满足如下不等式

$$\liminf_{k\to\infty}c(x_{av}(k))\leqslant c^*+m\delta$$

证明：为证明该定理，只需考虑 $x_{av}(k)$ 的演化即可。对于任意 $x^*\in X^*$，若记 $\hat{x}(k)=x_{av}(k)-x^*$，得到：

$$|\hat{x}(k+1)|^2=\left|\hat{x}(k)-\alpha_k\frac{\mathbf{1}^{\mathrm{T}}g_\delta(k)}{N}\right|^2=|\hat{x}(k)|^2-2\alpha_k\frac{\mathbf{1}^{\mathrm{T}}g_\delta(k)}{N}\hat{x}(k)+\left|\alpha_k\frac{\mathbf{1}^{\mathrm{T}}g_\delta(k)}{N}\right|^2$$

在式(10.3)所示的不等式中，分别取 $y=\mathbf{1}x^*$ 和 $y=\mathbf{1}x_{av}(k)$，得到：

$$\mathbf{1}^{\mathrm{T}}g_\delta(k)\hat{x}(k)\geqslant -c(x^*)+\left(\sum_{i=1}^{N}c_{i,\delta}(k)-\sum_{i=1}^{N}\Delta_i(k)\right)$$

$$c(x_{av}(k))-\left(\sum_{i=1}^{N}c_{i,\delta}(k)-\sum_{i=1}^{N}\Delta_i(k)\right)\leqslant L\|\bar{x}(k)\|^2+N\delta$$

利用这些不等式可进一步得到

$$\begin{aligned}|\hat{x}(k+1)|^2&\leqslant|\hat{x}(k)|^2+C^2\alpha_k^2+\frac{2\alpha_k}{N}[c(x^*)-c(x_{av}(k))+L\|\hat{x}(k)\|^2+N\delta]\\&\leqslant|\hat{x}(k)|^2+C^2\alpha_k^2-\frac{2\alpha_k}{N}[-L\|\bar{x}(k)\|^2+c(x_{av}(k))-N\delta-c(x^*)]\end{aligned}$$

我们断言 $\lim\limits_{k\to\infty}(c(x_{av}(k))-N\delta-c(x^*))\leqslant 0$ 成立。下面使用反证法来证明该命题。

记 $b_0=\lim\limits_{k\to\infty}\inf(f(x_{av}(k))-N\delta-f(x^*))$，假设 $b_0>0$。根据引理 10.1，当 $k\to+\infty$ 时，$\|\bar{x}(k)\|$ 趋向于 0。因此，存在充分大的正整数 $K>0$，对于任意的 $k\geqslant K$，$c(x_{av}(k))-N\delta-c(x^*)-L\|\bar{x}(k)\|^2>\frac{b_0}{2}$ 成立。结合上述不等式，可得：

$$|\hat{x}(k+1)|^2\leqslant|\hat{x}(k)|^2+C^2\alpha_k^2-\frac{\alpha_k b_0}{N}$$

稍加整理化成

$$\frac{b_0}{N}\sum_{k'=K}^{k}\alpha_{k'}\leqslant|\bar{x}(K)|^2+C^2\sum_{k'=K}^{k}\alpha_{k'}^2$$

然而，上述不等式与定理 10.1 的前提条件 $\sum\limits_{k=1}^{+\infty}\alpha_k=+\infty$，$\sum\limits_{k=1}^{+\infty}\alpha_k^2<+\infty$ 相矛盾。因此，假设 $b_0>0$ 不成立，故 $b_0\leqslant 0$，即 $\lim\limits_{k\to\infty}\inf c(x_{av}(k))\leqslant c^*+N\delta$。证毕。

注记 10.1 由上面的结论可知，使用近似一阶信息的分布式算法〔式(10.1)所示〕仍能保证所有智能体的估计渐近收敛到它们估计的平均值 $x_{av}(k)$ 上，但 $x_{av}(k)$ 只是全局优化问题的一个次优解，次最优解的近似程度仅取决于 Oracle 的精度。这一结论可推广到满足类似条件的切换拓扑情形，证明过程不再赘述。

接下来研究如何保证这些估计值能够精确收敛到全局最优解。

显然，一个必要条件是这些局部非精确 Oracle 的精度要逐步衰减到零。但一般说来，仅有这一条还不够保证迭代序列的收敛性，主要原因是所涉及一阶信息的近似误差可能会不断累积，最终导致算法无法收敛。幸运的是，定理 10.1 的结论表明只有长时间以后的恒定误差才会影响算法的近似程度。这启发我们继续使用带误差的非精确 Oracle 来实现迭代序列的精确收敛。

为此，考虑时变的函数信息集合 $\mathcal{O}_k(c_i)$，并给出如下假设。

假设 10.5 函数 $c_i(x)$ 是连续的，$\mathcal{O}_k(c_i)$ 是其 (δ_k, L_k)-Oracle。同时存在常数 $L>0$ 使得 $L_k \leqslant L$。

下面是关于迭代序列收敛性的主要结论。

定理 10.2 若假设 10.1 至假设 10.5 成立，选取的衰减步长 α_k 满足如下条件

$$\sum_{k=1}^{+\infty}\alpha_k = +\infty, \quad \sum_{k=1}^{+\infty}\alpha_k^2 < +\infty, \quad \sum_{k=1}^{+\infty}\alpha_k\delta_k < +\infty$$

则沿着式(10.1)所示算法的状态轨线，下面几个命题是成立的：

1) 序列 $\{|x_{av}(k) - x^*|\}$ 收敛；

2) 序列 $\{x_{av}(k)\}$ 至少存在一个聚点 $\bar{x}_{av}$，满足 $\bar{x}_{av} \in X^*$；

3) 若全局优化问题存在唯一最优解，则 $\lim\limits_{k\to\infty} x_i(k) = x^*$ 对任意 $i=1,\cdots,N$ 均成立。

证明： 根据定理 10.1 的证明过程，下式成立

$$|\hat{x}(k+1)|^2 \leqslant |\hat{x}(k)|^2 + C^2\alpha_k^2 - \frac{2\alpha_k}{N}[-L\|\bar{x}(k)\|^2 + c(x_{av}(k)) - c(x^*) - N\delta_k]$$

忽略上式中的负项后可得：

$$|\hat{x}(k+1)|^2 \leqslant |\hat{x}(k)|^2 + C^2\alpha_k^2 + 2\alpha_k L\|\bar{x}(k)\|^2 + 2\alpha_k\delta_k$$

我们断言 $\sum\limits_{k=1}^{+\infty}\alpha_k\|\bar{x}(k)\|^2 < +\infty$。注意到对任意 $k \geqslant 3$，下面的不等式总成立：

$$\alpha_k\|\bar{x}(k)\| \leqslant N\alpha_k q^{k-2}\|\bar{x}(1)\| + \alpha_k\alpha_{k-1}\sqrt{N}C\|R\| + m^{3/2}C\|R\|\alpha_k\sum_{k'=1}^{k-2}\alpha_{k'}q^{k-k'-2}$$

用 $ab \leqslant a^2+b^2$ 来处理与 α_k 相关的项，得到：

$$\alpha_k\|\bar{x}(k)\| \leqslant N^2\|\bar{x}(1)\|^2\alpha_k^2 + q^{2(k-2)} + NC\|R\|\alpha_k^2 + NC\|R\|\alpha_{k-1}^2 +$$
$$N^2C\|R\|\alpha_k^2\sum_{k'=1}^{k-2}q^{k-k'-2} + N^2C\|R\|\sum_{k'=1}^{k-2}\alpha_{k'}^2q^{k-k'-2}$$

将上述不等式从 $k=3$ 进行累加，合并同类项后得到：

$$\sum_{k=3}^{\infty}\alpha_k\|\bar{x}(k)\| \leqslant \left(N^2\|\bar{x}(1)\|^2 + 2NC\|R\| + \frac{NC\|R\|}{1-q}\right)\sum_{k=1}^{\infty}\alpha_k^2 +$$
$$\frac{1}{1-q^2} + N^2C\|R\|\sum_{k=1}^{\infty}\sum_{k'=1}^{k}\alpha_{k'}^2q^{k-k'}$$

由于 $0<q<1$，$\sum_{k=1}^{\infty}\alpha_k^2<\infty$，利用文献[78]的引理7可知 $\sum_{k=1}^{\infty}\sum_{k'=1}^{k}\alpha_{k'}^2 q^{k-k'}<\infty$ 成立，从而得到 $\sum_{k=1}^{\infty}\alpha_k\|\bar{x}(k)\|<\infty$。再利用条件 $\sum_{k=1}^{\infty}\alpha_k^2<\infty$ 和 $\lim_{k\to\infty}\alpha_k=0$，可知 $\bar{x}(k)$ 会收敛到0，从而得到 $\sum_{k=1}^{\infty}\alpha_k\|\bar{x}(k)\|^2<\infty$。

接下来，利用文献[142]中的引理2.1，可得序列 $\{|\bar{x}(k)|^2\}$ 收敛，即本定理的结论1)；结合定理条件得到 $\sum_{k=1}^{\infty}\alpha_k[c(x_{av}(k))-c^*]<\infty$。另外，

$$|x_{av}(k+1)-x_{av}(k)|=\left|\alpha_k\frac{\mathbf{1}^{\mathrm{T}}g_\delta(k)}{m}\right|\leqslant C\alpha_k$$

根据文献[143]中的命题2，可得 $\lim_{k\to\infty}c(x_{av}(k))=c^*$。同时，因为序列 $\{x_{av}(k)\}$ 是有界的，因此存在一个收敛子列 $\{\bar{x}_{km}\}$。假设该收敛子列 $\{\bar{x}_{km}\}$ 收敛于 $\bar{x}_{av}$，因为函数 f 是连续的，可得 $f(\bar{x}_{av})=\lim_{k\to\infty}f(\bar{x}_{km})=f^*$，表明 $\bar{x}_{av}\in X^*$。

当问题的最优解唯一时，序列 $\{x_{av}(k)\}$ 的所有收敛子列均收敛于相同的极限。由此可得，对于任意的 $i=1,\cdots,N$，$\lim_{k\to\infty}x_i(k)=\lim_{k\to\infty}x_{av}(k)=x^*$。证毕。

10.3 仿真实例

本节使用数值仿真来验证上述分布式算法的有效性[144]。

考虑最小绝对收缩和选择算法（Least Absolute Shrinkage and Selection Operator，LASSO），它对应一个如下形式的优化问题：

$$\min_{x\in\mathbb{R}^n}\left\{\frac{1}{2}\|\boldsymbol{A}x-\boldsymbol{y}\|^2+\lambda\|x\|_1\right\}$$

其中 $\boldsymbol{A}\in\mathbb{R}^{N\times n}$，$\boldsymbol{y}\in\mathbb{R}^N$，$\lambda>0$。假设训练集数据 $(\boldsymbol{y},\boldsymbol{A})$ 以如下形式分布在 m 个智能体处：$\boldsymbol{A}=[A_1,\cdots,A_m]^{\mathrm{T}}$，$\boldsymbol{y}=[y_1,\cdots,y_m]^{\mathrm{T}}$，其中 $A_i\in\mathbb{R}^{N_i\times n}$，$\sum_{i=1}^{m}N_i=N$。这样就可将它写成如下的分布式优化问题：

$$f(x)=\sum_{i=1}^{m}f_i(x)$$

其中 $f_i(x)=\frac{1}{2}\|A_ix-y_i\|^2+\frac{\lambda}{m}\|x\|_1$。

注意到函数 $\|x\|_1$ 是非光滑的，但我们可使用如下的 Huber 损失函数对其近似：

$$H_\delta(x)=\begin{cases} x^2/(2\delta), & |x|\leqslant\delta \\ |x|-\delta/2, & |x|>\delta \end{cases}$$

若对给定的 $x_i=\mathrm{col}(x_{i1},\cdots,x_{in})\in\mathbb{R}^n$，定义 $\tilde{f}_{i\delta}(x_i)=\frac{1}{2}\|A_ix_i-y_i\|^2+\frac{\lambda}{m}\sum_{j=1}^{n}H_\delta(x_{ij})$，其中 $0<\delta\leqslant 1$。可以验证，函数 $\tilde{f}_{i\delta}(x_i)$ 是可微的凸函数，其梯度是 Lipschitz 连续的。最重要的是，函数 $\tilde{f}_{i\delta}(x_i)$ 的精确一阶信息 $(\tilde{f}_{i\delta}(x_i),\nabla\tilde{f}_{i\delta}(x_i))$ 可视为函数 $f_i(x_i)$ 通过一个一阶 $(n\delta/2,\sqrt{n}/\delta+\|A_i\|^2)$-Oracle 计算得到的近似一阶信息。因此，上述问题完全可使用本书提出的分布式算法来求解。

取数据集容量 $N=1\,000$，$m=10$，$N_i=100$，$n=5$，$\lambda=1$，矩阵 $\boldsymbol{A}$ 是元素在 $[0,1]$ 内随机取值的一个常矩阵。选择一个 $x_0=\mathrm{col}(0,1,2,0,1)$，并按照 $\boldsymbol{y}=\boldsymbol{A}x_0+\boldsymbol{\varepsilon}$ 的形式随机生成 $\boldsymbol{y}$，其中 $\boldsymbol{\varepsilon}$ 为在 $[-0.01,0.01]$ 内随机取值的 N 维向量。

为求解该问题，假设多智能体系统的通信关系由图 10-1 中的两个图来描述，每迭代 50 次，通信拓扑切换一次，对应权值按要求随机生成。选择步长 $\alpha_k=0.5/(k+80)$。对于常值精度的 Oracle，选择 $\delta=1$；当 Oracle 精度为时变时，选择 $\delta_k=1/k$。智能体对最优解估计的演化曲线如图 10-2 和图 10-3 所示，其中 x_{i3} 和 x_{i4} 分别表示智能体 i 对最优解 x^* 的估计的第 3 个分量和第 4 个分量。

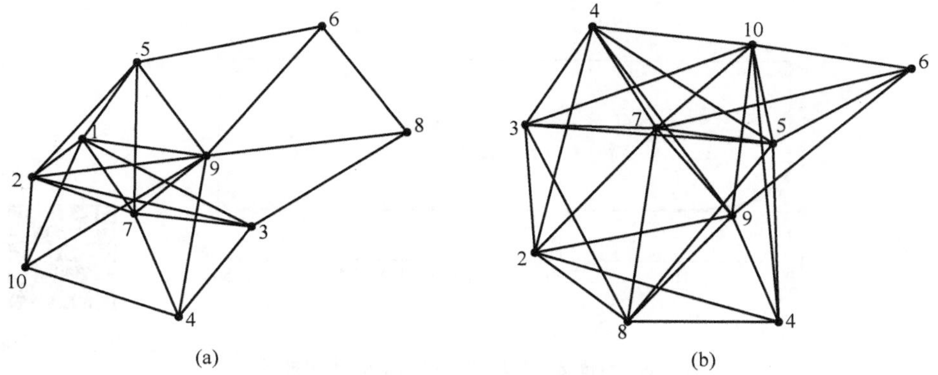

图 10-1 多智能体系统的通信拓扑

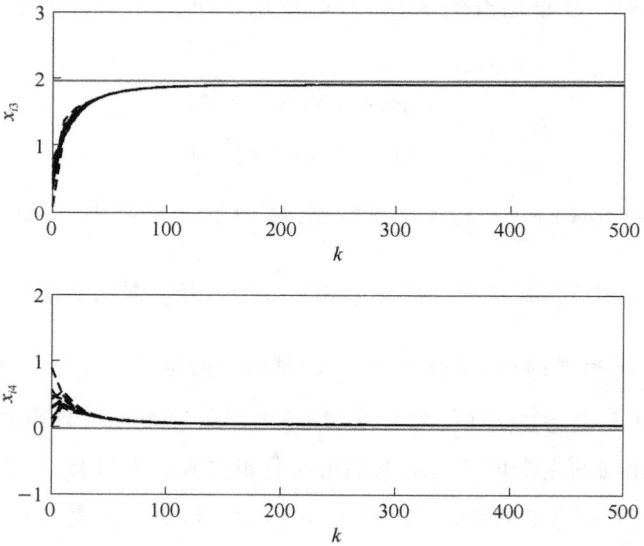

图 10-2　Oracle 精度为 $\delta=1$ 时 x_{i3} 和 x_{i4} 的演化曲线

图 10-2 彩图

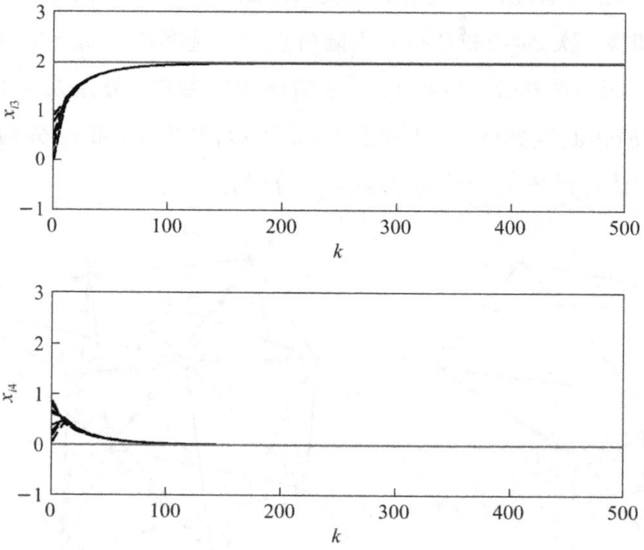

图 10-3　Oracle 精度 $\delta=1/k$ 时 x_{i3} 和 x_{i4} 的演化曲线

图 10-3 彩图

经过观察，可发现当 Oracle 精度为常值时，智能体对最优解分量的各自估计值趋于一致，并共同收敛到最优解对应分量的邻域内；当 Oracle 精度为时变的 $\delta=1/k$

时，这些估计值还能收敛到最优解 x^* 的对应分量处。

图 10-4 展示了不同 Oracle 精度下 $f(x)=\sum_{i=1}^{m}\widetilde{f}_{i\delta}(x_i)$ 的演化曲线。其中 f^* 代表全局目标函数的最优值。由图中曲线可知，当 Oracle 精度为 $\delta=1$ 时，本章研究的分布式算法确实提供了一个近似最优值；而当 Oracle 精度为 $\delta=1/k$ 时，$f(x)=\sum_{i=1}^{m}\widetilde{f}_{i\delta}(x_i)$ 将逐渐收敛到全局目标函数的最优值，同时各智能体的估计值也收敛到全局最优解处。以上仿真结果与理论分析吻合，验证了算法的收敛性和次最优性。

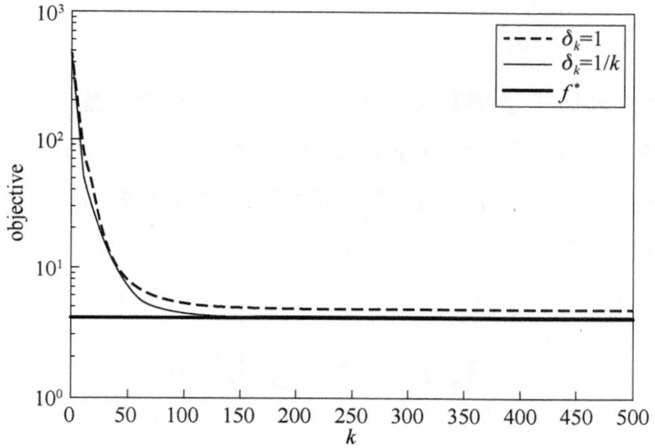

图 10-4 不同 Oracle 精度下 $f(x)=\sum_{i=1}^{m}\widetilde{f}_{i\delta}(x_i)$ 的演化轨线

本章小结

本章研究了决策层不确定性的影响，借助于非精确 Oracle 的概念，提出了一种基于此的分布式最优一致性算法，并就不同的 Oracle 精度条件和步长分析了算法的收敛性和次最优性，还给出了一组可保证迭代序列精确收敛到最优解集的步长条件。需要指出，这里非精确 Oracle 的引入更多的是理念方面的探讨，缺乏一定的可操作性。不过，本章的结论为下一步研究决策层不确定性的补偿或算法加速提供了理论保障。

第 11 章
基于分层设计的分布式博弈问题

前文主要讨论高阶多智能体系统的最优一致性问题，提出了基于抽象化的分层设计方案，并重点研究了几类典型系统动力学不确定性的影响与补偿机制设计问题。本章将研究另外一类典型的多智能体系统协同问题，即分布式非合作博弈，并进一步验证分层设计方案的有效性和灵活性。

11.1 问题描述

考虑如下形式的一组异质多智能体系统：

$$
\begin{aligned}
\dot{x}_{j,i} &= x_{j+1,i} \\
\dot{x}_{n_i,i} &= \Delta_i(x_i,t)+u_i \\
y_i &= x_{1,i}, \quad i=1,\cdots,N, j=1,\cdots,n_i-1
\end{aligned}
\tag{11.1}
$$

其中 $x_i \triangleq \mathrm{col}(x_{1,i},\cdots,x_{n_i,i})\in\mathbb{R}^{n_i}$，$y_i\in\mathbb{R}$，$u_i\in\mathbb{R}$ 分别是智能体的状态、输出和输入变量。这里的 $\Delta_i(x_i,t)$ 表示智能体动力学中的静态不确定性。

假定智能体 i 有一个目标函数 $J_i(y_i,y_{-i})$，其中 $y_{-i}\in\mathbb{R}^{N-1}$ 代表除智能体 i 以外其他所有多智能体的输出决策。每个智能体的决策目标都是通过调节 u_i 尽量最小化各自的目标函数，这样就形成了一个非合作博弈问题，记作 $G=\{\mathcal{N},J_i,\mathbb{R}\}$。

按照经典博弈论的提法，若存在某个决策向量 $y^*=\mathrm{col}(y_1^*,\cdots,y_N^*)$，使得不等式 $J_i(y_i^*,y_{-i}^*)\leqslant J_i(y_i,y_{-i}^*)$ 对任意 $i\in\mathcal{N}$ 和 $y_i\in\mathbb{R}$ 均成立，我们称该决策向量为

博弈问题 G 的一个 Nash 均衡。显然,如果多智能体系统达到 Nash 均衡后,所有智能体都倾向于停在这一均衡处而不会单方面地改变自身输出。

记$\nabla_i J_i(y_i, y_{-i}) \triangleq \frac{\partial J_i}{\partial y_i}(y_i, y_{-i}) \in \mathbb{R}$,称如下向量函数是 $J_1, \cdots, J_N$ 的伪梯度:

$$F(y) \triangleq \operatorname{col}(\nabla_1 J_1(y_1, y_{-1}), \cdots, \nabla_N J_N(y_N, y_{-N})) \in \mathbb{R}^N$$

为保证问题的可解性,本章总假设下面的条件成立。

假设 11.1 对任意 $i \in \mathcal{N}$,函数 $J_i(y_i, y_{-i})$是连续可微的,并且其伪梯度 F 是 $\underline{l}$-强单调和 $\bar{l}$-Lipschitz 的。

根据文献[145]中的命题 1.4.2 和 2.27,上述假设保证博弈问题 G 存在唯一的 Nash 均衡 $y^* = \operatorname{col}(y_1^*, \cdots, y_N^*)$,一个决策向量是 Nash 均衡当且仅当它是方程 $F(y^*)=0$ 的解。由此,我们实际上将原问题转化成了一个非线性方程组的求解问题。

与前文类似,本章考虑用分布式算法来实现上述目标,即假定每个智能体只能获得部分其他智能体的决策变量,同时可以通过网络与其邻居进行信息交互。当然,目标函数是其隐私信息,不能直接通过网络进行共享。用有向图 $\mathcal{G}=(\mathcal{N}, \mathcal{E}, \mathcal{A})$来描述它们的通信拓扑,有向边$(i,j)$表示智能体 j 能接收到智能体 i 的信息。

假设 11.2 图 $\mathcal{G}$ 是强连通的有向平衡图。

考虑如下形式的分布式算法

$$\begin{aligned} u_i &= k_i^s(\nabla J_i, x_i, z_j^s) \\ \dot{z}_i^s &= g_i^s(\nabla J_i, x_i, z_j^s), \quad j \in N_i \cup \{i\} \end{aligned} \tag{11.2}$$

其中 z_i^s 是智能体 i 的局部补偿变量,k_i^s, g_i^s 是待设计的函数。

至此,本章所关心的分布式博弈问题可描述如下。

对给定的多智能体系统〔式(11.1)所示〕、有向图 $\mathcal{G}$、目标函数 J_i,构造形如式(11.2)的分布式算法,使得闭环系统满足如下条件:

1) 闭环系统的任意状态轨线都是前向完备的;

2) 智能体 i 的输出满足 $\lim\limits_{t \to +\infty} \| y_i(t) - y_i^* \| = 0$。

与最优一致性问题类似,现有文献大都从数学规划和计算的角度,重点关注单积分器型多智能体系统的分布式博弈问题,这方面的最新进展可以查阅综述文献[146-148]。本章则直接讨论一大类具有代表性的高阶多智能体系统,同时要考虑静态不确定性的影响与补偿,这些特征耦合在一起,导致求解该问题的技术难度大幅上升。

鉴于分层设计方案在处理不确定高阶多智能体系统最优一致性问题中表现出的高效性和复用性，以下将采用类似的设计方案来处理这一分布式博弈问题。本章仅考虑一类可线性化的静态不确定性。

下面的假设在第 4 章已经使用过。

假设 11.3 对任意 $i\in\mathcal{N}$，存在向量 $\boldsymbol{\theta}_i=\operatorname{col}(\theta_{1,i},\cdots,\theta_{n_{\theta_i},i})\in\mathbb{R}^{n_{\theta_i}}$ 和函数 $p_i(x_i,t)$，使不确定性可以写成 $\Delta_i(x_i,t)\triangleq\boldsymbol{\theta}_i^{\mathrm{T}}p_i(x_i,t)$ 的形式。另外，基函数 $p_i(x_i,t)$ 的上下界均可取作仅依赖 x_i 的光滑函数。

11.2 决策层算法设计

按照第 2 章分层设计方案的基本流程，首先需要将原多智能体系统抽象化。

对本章讨论的分布式博弈问题，其本质仍是一个定点调节问题。因此，只需将原系统抽象为如下一阶积分器形式：

$$\dot{z}_i=\mu_i,\quad i\in\mathcal{N}\tag{11.3}$$

其中 z_i,μ_i 分别是决策层的输出和输入。假定这一组抽象化后的多智能体系统具有与式(11.1)相同的目标函数与网络通信拓扑。一旦决策层算法构造得合理，剩下的部分就是接口函数的构造。鉴于类似的接口设计问题已经在第 4 章讨论过，以下只关注决策层算法设计和复合后分布式算法的有效性。

为解决决策层设计问题，引入如下形式的梯度博弈算法

$$\begin{aligned}\dot{z}_i&=-\alpha\sum_{j=1}^{N}a_{ij}(z_i-z_i^j)-\nabla_iJ_i(\boldsymbol{z}^i)\\ \dot{z}_k^i&=-\alpha\sum_{k=1}^{N}a_{ij}(z_k^i-z_k^j),\quad k\in\mathcal{N}\backslash\{i\}\end{aligned}\tag{11.4}$$

其中 $\boldsymbol{z}^i=\operatorname{col}(z_1^i,\cdots,z_N^i)$ 代表智能体 i 对所有智能体状态的估计，$\alpha>0$ 是一个可调增益。为保持一致，令 $z_i^i=z_i$。而 $\nabla_iJ_i(\boldsymbol{z}^i)=\dfrac{\partial J_i}{\partial z_i}(\boldsymbol{z}^i)$ 则代表函数 J_i 关于变量 z_i 的偏导数在点 $\boldsymbol{z}^i$ 处的取值。定义向量值函数

$$F(\boldsymbol{z})=\operatorname{col}(\nabla_1J_1(\boldsymbol{z}^1),\cdots,\nabla_NJ_N(\boldsymbol{z}^N))\in\mathbb{R}^N$$

并称它是目标函数 $J_1,\cdots,J_N$ 的拓展伪梯度。

假设 11.4 函数 F 是 l_F-Lipschitz 的。

利用上述符号,将决策层算法写成如下紧凑形式:

$$\dot{\boldsymbol{z}} = -\alpha \boldsymbol{L}\boldsymbol{z} - \boldsymbol{M}F(\boldsymbol{z}) \tag{11.5}$$

其中 $\boldsymbol{z}=\mathrm{col}(\boldsymbol{z}^1,\cdots,\boldsymbol{z}^N)$,$M=\mathrm{diag}(M_1,\cdots,M_N)$,$M_i=\mathrm{col}(\boldsymbol{0}_{i-1},1,\boldsymbol{0}_{N-i})$,$\boldsymbol{L}=L\otimes I_N$。

下面的定理说明只需选择充分大的 α,就可保证算法的有效性。

定理 11.1 若假设 11.1 至假设 11.3 成立,记 $l=\max\{\bar{l},l_F\}$,并令 $\alpha>\frac{1}{\lambda_2}\left(\frac{l^2}{\underline{l}}+l\right)$,则沿着式(11.4)所示算法的状态轨线,$\boldsymbol{z}^i(t)$随着时间的增长指数收敛到 Nash 均衡 y^* 处。

证明:该定理的证明思路与最优一致性问题类似,即先验证复合系统的平衡点处智能体达到 Nash 均衡,再构造合理的 Lyapunov 函数,给出稳定性证明即可。

实际上,只需令式(11.5)所示紧凑形式公式的右端项为 0,再左乘 $\boldsymbol{1}_N^{\mathrm{T}}\otimes\boldsymbol{I}_N$ 即可得到

$$\boldsymbol{0}=\alpha(\boldsymbol{1}_N^{\mathrm{T}}\otimes\boldsymbol{I}_N)(\boldsymbol{L}\otimes\boldsymbol{I}_N)\boldsymbol{z}^*+(\boldsymbol{1}_N^{\mathrm{T}}\otimes\boldsymbol{I}_N)MF(\boldsymbol{z}^*)$$

根据 $\boldsymbol{1}_N^{\mathrm{T}}\boldsymbol{L}=\boldsymbol{0}$,再利用符号 M 和 F 的定义,可得 $F(\boldsymbol{z}^*)=\boldsymbol{0}$ 和 $\boldsymbol{L}\boldsymbol{z}^*=\boldsymbol{0}$。因此,存在 $\boldsymbol{\theta}\in\mathbb{R}^N$ 满足 $\boldsymbol{z}^*=\boldsymbol{1}\otimes\boldsymbol{\theta}$ 和 $F(\boldsymbol{1}\otimes\boldsymbol{\theta})=\boldsymbol{0}$,即 $F(\boldsymbol{\theta})=\boldsymbol{0}$。由 Nash 均衡的唯一性可知 $\boldsymbol{\theta}=\boldsymbol{y}^*$,即 $\boldsymbol{z}^*=\boldsymbol{1}\otimes\boldsymbol{y}^*$。

接下来考虑平衡点的稳定性问题。记 $\tilde{\boldsymbol{z}}=\boldsymbol{z}-\boldsymbol{z}^*$,并定义变换 $\bar{\boldsymbol{z}}_1=(\boldsymbol{r}_N^{\mathrm{T}}\otimes\boldsymbol{I}_N)\tilde{\boldsymbol{z}}$ 和 $\bar{\boldsymbol{z}}_2=(\boldsymbol{R}_N^{\mathrm{T}}\otimes\boldsymbol{I}_N)\tilde{\boldsymbol{z}}$。变换后的系统如下:

$$\dot{\bar{\boldsymbol{z}}}_1=-(\boldsymbol{r}_N^{\mathrm{T}}\otimes\boldsymbol{I}_N)M\Delta$$

$$\dot{\bar{\boldsymbol{z}}}_2=-\alpha[(\boldsymbol{R}_2^{\mathrm{T}}\boldsymbol{L}\boldsymbol{R}_2)\otimes\boldsymbol{I}_N]\bar{\boldsymbol{z}}_2-(\boldsymbol{R}_2^{\mathrm{T}}\otimes\boldsymbol{I}_N)M\Delta$$

其中 $\Delta\triangleq F(\boldsymbol{z})-F(\boldsymbol{z}^*)$。令 $V_0(\bar{\boldsymbol{z}}_1,\bar{\boldsymbol{z}}_2)=\frac{1}{2}(\|\bar{\boldsymbol{z}}_1\|^2+\|\bar{\boldsymbol{z}}_2\|^2)$。计算其导数可知

$$\begin{aligned}\dot{V}_0&=-\bar{\boldsymbol{z}}_1^{\mathrm{T}}(\boldsymbol{r}^{\mathrm{T}}\otimes\boldsymbol{I}_N)M\Delta-\bar{\boldsymbol{z}}_2^{\mathrm{T}}(\boldsymbol{R}^{\mathrm{T}}\otimes\boldsymbol{I}_N)M\Delta-\alpha\,\bar{\boldsymbol{z}}_2^{\mathrm{T}}\{[\boldsymbol{R}^{\mathrm{T}}\boldsymbol{L}\boldsymbol{R}]\otimes\boldsymbol{I}_N\}\bar{\boldsymbol{z}}_2\\&\leqslant-\alpha\lambda_2\|\bar{\boldsymbol{z}}_2\|^2-\tilde{\boldsymbol{z}}^{\mathrm{T}}M\Delta\end{aligned}$$

针对最后一行中的交叉项,利用下面几个恒等式

$$F(\boldsymbol{1}_N\otimes\boldsymbol{y})=F(\boldsymbol{y}),(\boldsymbol{1}^{\mathrm{T}}\otimes\boldsymbol{I}_N)M=\boldsymbol{I}_N,\tilde{\boldsymbol{z}}_1^{\mathrm{T}}M=\frac{\bar{\boldsymbol{z}}_1^{\mathrm{T}}}{\sqrt{N}}$$

可将其放缩为

$$-\tilde{\boldsymbol{z}}^{\mathrm{T}}M\Delta\leqslant\frac{2l}{\sqrt{N}}\|\bar{\boldsymbol{z}}_1\|\|\bar{\boldsymbol{z}}_2\|+l\|\bar{\boldsymbol{z}}_2\|^2-\frac{\underline{l}}{N}\|\bar{\boldsymbol{z}}_1\|^2$$

将该关系式代回上式最终得到:

$$\begin{aligned}\dot{V}_0 &\leqslant -\frac{l}{N}\|\bar{\boldsymbol{z}}_1\|^2-(\alpha\lambda_2-l)\|\bar{\boldsymbol{z}}_2\|^2+\frac{2l}{\sqrt{N}}\|\bar{\boldsymbol{z}}_1\|\|\bar{\boldsymbol{z}}_2\| \\ &= -[\|\bar{\boldsymbol{z}}_1\| \; \|\bar{\boldsymbol{z}}_2\|]\boldsymbol{A}_\alpha\begin{bmatrix}\|\bar{\boldsymbol{z}}_1\| \\ \|\bar{\boldsymbol{z}}_2\|\end{bmatrix}\end{aligned}$$

其中矩阵 $\boldsymbol{A}_\alpha$ 定义如下

$$\boldsymbol{A}_\alpha=\begin{bmatrix}\frac{l}{N} & -\frac{l}{\sqrt{N}} \\ -\frac{l}{\sqrt{N}} & \alpha\lambda_2-l\end{bmatrix}$$

将定理 11.1 的条件代入上式可知,矩阵 $\boldsymbol{A}_\alpha$ 是正定的。故一定存在某常数 $v>0$ 使 $\dot{V}_0\leqslant -vV_0$ 成立。根据文献[111]的定理 4.10 可知,$\boldsymbol{z}(t)$随着时间的增长会指数收敛到 $\boldsymbol{z}^*$。这表明,$\boldsymbol{z}^i(t)$在区间$[0,+\infty)$是定义良好的,并且随着时间的增长收敛至 z^*。证毕。

注记 11.1 实际上式(11.4)所示算法是文献[149]中分布式梯度博弈算法的推广。这里参数 α 的选择代表了控制器大小和图连通强度的折中。实际上,定理 11.1 表明通过增加可调增益 α 能有效去掉现有文献中对图连通强度的假设,并保证该算法在有向平衡图条件下的有效性。此外,结合一些有向图的处理技术,该算法还能推广到通信拓扑是一般有向图的情况,感兴趣的读者可参考文献[150-153]。

11.3 可解性分析

根据分层设计的流程,我们只需将决策层算法嵌入到与第 4 章类似的自适应接口函数中,即可得到针对分布式博弈问题的备择算法:

$$\begin{aligned}u_i &= -\hat{\boldsymbol{\theta}}_i^{\mathrm{T}}p_i(x_i,t)+\frac{1}{\varepsilon^{n_i}}\Big[k_{1i}(x_{1,i}-z_i)+\sum_{j=2}^{n_i}\varepsilon^{j-1}k_{ji}x_{j,i}\Big] \\ \dot{\hat{\boldsymbol{\theta}}}_i &= \phi_i(x_i,\hat{\boldsymbol{\theta}}_i,z_i,t) \\ \dot{z}_i &= -\alpha\sum_{j=1}^{N}a_{ij}(z_i-z_i^j)-\nabla_i J_i(\boldsymbol{z}^i) \\ \dot{z}_k^i &= -\alpha\sum_{k=1}^{N}a_{ij}(z_k^i-z_k^j),\quad k\in\mathcal{N}\backslash\{i\}\end{aligned}\tag{11.6}$$

其中 $\hat{\boldsymbol{\theta}}_i$ 是 $\boldsymbol{\theta}_i$ 的估计，参数 $\varepsilon, k_{1i}, \cdots, k_{n_i i}>0$ 和函数 ϕ_i 待定。

记 $\hat{x}_i=\mathrm{col}(x_{1,i}-z_i, \varepsilon x_{2,i}, \cdots, \varepsilon^{n_i-1}x_{n_i,i})$，可得到如下闭环系统

$$\varepsilon\dot{\hat{x}}_i = \boldsymbol{A}_i\hat{x}_i - \varepsilon\boldsymbol{b}_{1i}\dot{z}_i + \varepsilon^{n_i}\boldsymbol{b}_{2i}(\boldsymbol{\theta}_i^{\mathrm{T}} - \hat{\boldsymbol{\theta}}_i^{\mathrm{T}})p_i(x_i, t)$$

$$\dot{\hat{\boldsymbol{\theta}}}_i = \phi_i(x_i, \hat{\boldsymbol{\theta}}_i, z_i, t)$$

$$\dot{z}_i = -\alpha\sum_{j=1}^{N}a_{ij}(z_i - z_i^j) - \nabla_i J_i(\boldsymbol{z}^i)$$

$$\dot{z}_k^i = -\alpha\sum_{k=1}^{N}a_{ij}(z_k^i - z_k^j), \quad k \in \mathcal{N}\setminus\{i\}$$

其中

$$\boldsymbol{A}_i=\begin{bmatrix}\boldsymbol{0} & \boldsymbol{I}_{n_{x_i}-1} \\ k_{1i} & [k_{2i}\cdots k_{n_i i}]\end{bmatrix}, \boldsymbol{b}_{1i}=\mathrm{col}(1,\boldsymbol{0}), \boldsymbol{b}_{2i}=\mathrm{col}(\boldsymbol{0},1)$$

对这些线性参数化不确定性，取 $k_{1i}, \cdots, k_{n_i i}$ 使多项式 $s^{n_i}-k_{n_i i}s^{n_i-1}-\cdots-k_{2i}s-k_{1i}$ 是 Hurwitz 的，然后记 $\boldsymbol{P}_i$ 为 Lyapunov 方程 $\boldsymbol{A}_i^{\mathrm{T}}\boldsymbol{P}_i+\boldsymbol{P}_i\boldsymbol{A}_i=-2\boldsymbol{I}_{n_i}$ 的唯一正定解。接下来只需选择合适的自适应律即可。

下面是本章的主要定理。其证明过程与第 4.2 节定理 4.1 的证明过程类似，感兴趣的读者可自行练习。

定理 11.2　若假设 11.1 至假设 11.4 成立，取 $k_{1i}, \cdots, k_{n_i i}$ 使多项式 $s^{n_i}-k_{n_i i}s^{n_i-1}-\cdots-k_{2i}s-k_{1i}$ 是 Hurwitz 的，并令 $\alpha>\frac{1}{\lambda_2}\left(\frac{l^2}{\underline{l}}+l\right)$，$\phi_i(x_i, \hat{\boldsymbol{\theta}}_i, z_i, t)=p_i(x_i, t)\boldsymbol{b}_{2i}^{\mathrm{T}}\boldsymbol{P}_i\hat{x}_i$，则对任意 $\varepsilon>0$，式(11.6)所示的算法可解决式(11.1)所示多智能体系统的分布式博弈问题。

注记 11.2　需要指出，与现有从计算角度研究该问题的成果不同，该定理的结论不再局限在单积分器型智能体上。事实上，这里的多智能体具有不确定高阶非线性动力学。同时，我们在第 4 章已指出上述自适应方法还可以实现扰动抑制，为分布式博弈的扰动抑制问题提供了新的视角。

定理 11.2 中假设可以获取 $\nabla_i J_i$ 在任意点 $\boldsymbol{z}^i$ 处的取值。与优化问题类似，在实际应用中通常只能获得一些取决于智能体实际决策输出的梯度信息。本节就这种情况给出相应的设计方法。

实际上，若直接用 $\nabla_i J_i(y_i, \boldsymbol{z}_{-i}^i)$ 替换 $\nabla_i J_i(\boldsymbol{z}^i)$，得到的决策层算法如下

$$\dot{z}_i = -\alpha \sum_{j=1}^{N} a_{ij}(z_i - z_i^j) - \nabla_i J_i(y_i, \boldsymbol{z}_{-i}^i)$$

$$\dot{z}_k^i = -\alpha \sum_{k=1}^{N} a_{ij}(z_k^i - z_k^j), \quad k \in \mathcal{N} \backslash \{i\}$$

显然,此时该算法无法独立运行生成期望的 Nash 均衡,主要原因在于两个梯度项之间存在差异 $\Delta_i^1 \triangleq \nabla_i J_i(\boldsymbol{z}^i) - \nabla_i J_i(y_i, \boldsymbol{z}_{-i}^i)$,将其稍作整理写成如下紧凑形式:

$$\dot{\boldsymbol{z}} = -\alpha \boldsymbol{L}\boldsymbol{z} - MF(\boldsymbol{z}) + M\Delta^1$$

其中 $\Delta^1 = \mathrm{col}(\Delta_1^1, \cdots, \Delta_N^1)$。与上一节的问题不同,此时决策层与控制层是互联关系,必须使用类似于小增益定理的方法才能保证整个闭环系统的收敛性。

下面的定理表明可通过调节增益参数 ε 来实现以上目标。

定理 11.3 若假设 11.1 至假设 11.4 成立,取与定理 11.2 相同的参数 $k_{1i}, \cdots, k_{n_i i}$ 和 α,并令 $\phi_i(x_i, \hat{\boldsymbol{\theta}}_i, z_i, t) = p_i(x_i, t)\boldsymbol{b}_{2i}^{\mathrm{T}}\boldsymbol{P}_i\hat{x}_i$,则存在一个正常数 ε^*,使得对任意 $\varepsilon \in (0, \varepsilon^*)$,如下算法可解决式(11.1)所示多智能体系统的分布式博弈问题:

$$\begin{aligned} u_i &= -\hat{\boldsymbol{\theta}}_i^{\mathrm{T}} p_i(x_i, t) + \frac{1}{\varepsilon^{n_i}}\left[k_{1i}(x_{1,i} - z_i) + \sum_{j=2}^{n_i} \varepsilon^{j-1} k_{ji} x_{j,i}\right] \\ \dot{\hat{\theta}}_i &= \phi_i(x_i, \hat{\boldsymbol{\theta}}_i, z_i, t) \\ \dot{z}_i &= -\alpha \sum_{j=1}^{N} a_{ij}(z_i - z_i^j) - \nabla_i J_i(y_i, \boldsymbol{z}_{-i}^i) \\ \dot{z}_k^i &= -\alpha \sum_{k=1}^{N} a_{ij}(z_k^i - z_k^j), \quad k \in \mathcal{N} \backslash \{i\} \end{aligned} \tag{11.7}$$

定理 11.3 的证明思路与定理 3.3 和定理 3.4 类似,只需构造一个复合 Lyapunov 函数即可。另外,这里只分析了闭环系统的稳定性和最优性,略去了参数估计器收敛性的讨论。感兴趣的读者可根据前几章的内容自行将这些细节补全,或查阅文献[154]。此处不再赘述。

11.4 仿真实例

本节使用数值仿真来验证上述分布式算法的有效性[154]。

假定市场上有一些生产同种商品的厂商,其库存水平模型如下:

$$\dot{I}_i = -\gamma_i I_i + P_i - D_i, \quad i \in \mathcal{N}$$

其中 I_i 是第 i 个厂商的库存水平，γ_i 是其商品存储的变质率，P_i 是生产率，D_i 是市场对该商品的需求率。假定 $C_i(I_i)$ 是第 i 个厂商的库存成本。与此同时，上级部门根据战略安全需求，给予各厂商相应的补贴 $\sigma(I_1, \cdots, I_N) = \delta_0\left(I_r - \sum_{i=1}^{N} I_i\right)$，要求市场上该商品的库存水平之和不低于 $I_r > 0$。

记 $J_i(I_i, I_{-i}) = C_i(I_i) - I_i\sigma(I_1, \cdots, I_N)$。各厂商将根据自己的成本和市场补贴，选择合适的生产率最小化函数 J_i。这是一个典型的分布式非合作博弈问题。

假定这些厂商通过一个环形图进行信息交互，简化的成本函数为 $C_i(s) = \alpha_i s$，补贴函数为 $\sigma(I_1, \cdots, I_N, I_r) = \sigma_0(I_r - \sum_{i=1}^{N} I_i)$，其中 α_i 和 σ_0 都是正常数。为使问题更加有趣，假定 γ_i 和 D_i 都是常值未知量。令 $\boldsymbol{\theta}_i = \mathrm{col}(-\gamma_i, D_i)$，$\boldsymbol{p}(I_i, t) = \mathrm{col}(-I_i, 1)$，即可将库存水平的动力学模型写成式(11.1)的形式。故而可直接使用定理 11.2 或定理 11.3 的分布式算法求解该问题。

在仿真中，取 $N=10$，并令 $\alpha_i = i/10$，$I_r = 22$，$\delta_0 = 1$，$\theta_i = i/2$，$D_i = 10 - i$，则对应的 Nash 均衡决策分量为 $y_i^* = 2.5 - \alpha_i$。取 $\alpha = 4$，$k_1 = -4$，使用式(11.6)所示算法求解该问题。为了验证算法的鲁棒性，我们在 $t = 100$ s 到 $t = 150$ s 之间关闭自适应模块。决策层算法的演化曲线如图 11-1 所示。图 11-2 和图 11-3 则分别展示了各厂商的库存水平和控制输入演化曲线。这些结果均验证了算法的有效性。

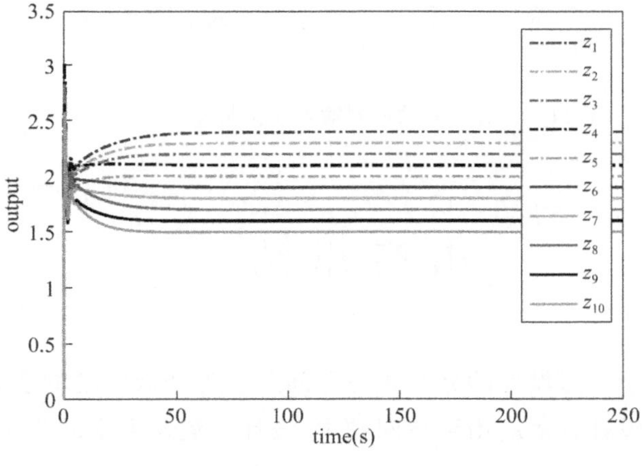

图 11-1 决策层算法的演化曲线

图 11-1 彩图

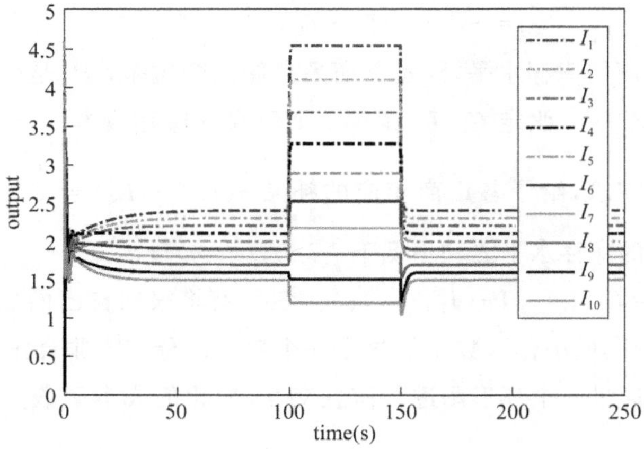

图 11-2 彩图

图 11-2　各厂商的库存水平演化曲线

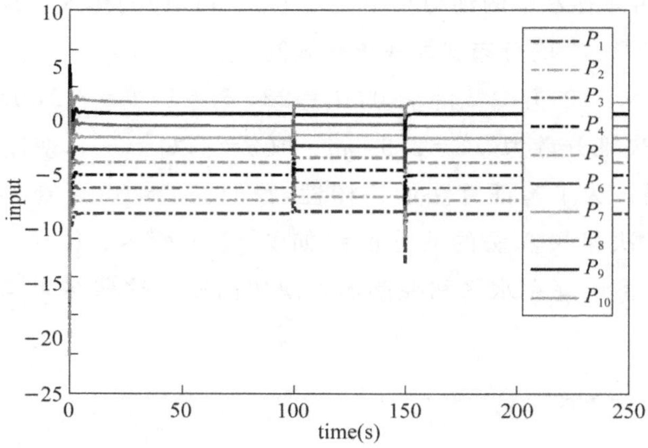

图 11-3 彩图

图 11-3　各厂商的控制输入演化曲线

本章小结

本章研究了基于分层设计的分布式博弈问题。为降低问题的复杂度，我们将第 2 章提出的分层设计方案应用到该问题中，设计了满足要求的决策层算法和相应的接口函数，最终给出两类可实现控制目标的分布式算法，并验证了分层设计的有效性，为进一步研究更多类型的多智能体协同任务打下了良好的理论基础。

参考文献

[1] RUSSELL S，NORVIG P. Artificial Intelligence：A Modern Approach[M]. 4th ed. Upper Saddle River：Pearson Education，2020.

[2] WOOLDRIDGE M. An Introduction to Multiagent Systems[M]. 2nd ed. Hoboken：John Wiley & Sons，2009.

[3] 史忠植. 智能体及其应用[M]. 北京：科学技术出版社，2000.

[4] 蔡自兴，贺汉根. 智能科学发展的若干问题[J]. 自动化学报，2002，28：142-150.

[5] 中国科学院. 中国学科发展战略：控制科学[M]. 北京：科学出版社，2015.

[6] 寿步. 人工智能中 agent 的中译正名及其法律意义[J]. 科技与法律，2022，3：113.

[7] MINSKY M. The Society of Mind [M]. New York：Simon & Schuster，1988.

[8] GIBB S，HENDRY R F，LANCASTER T. The Routledge Handbook of Emergence [M]. London：Routledge，2019.

[9] WOOLDRIDGE M，JENNINGS N R. Intelligent agents：theory and practice [J]. The Knowledge Engineering Review，1995，10(2)：115-152.

[10] SIMON H A. Models of Man：Social and Rational [M]. New York：Wiley，1957.

[11] NILSSON N J. Artificial Intelligence：A New Synthesis [M]. Burlington：Morgan Kaufmann，1998.

[12] WEISS G. Multiagent Systems：A Modern Approach to Distributed Artificial Intelligence [M]. Cambridge：MIT Press，2000.

[13] AAMAS 2023. Call for papers [EB/OL]. (2022-10-03) [2023-03-30].

https://aamas2023. soton. ac. uk/calls/call-for-papers.

[14] SILVER D, HUANG A, MADDISON C J, et al. Mastering the game of Go with deep neural networks and tree search [J]. Nature 2016, 529, 484-489.

[15] SILVER D, SCHRITTWIESER J, SIMONYAN K, et al. Mastering the game of Go without human knowledge [J]. Nature 2017, 550, 354-359.

[16] 刘铁岩，陈薇，王太峰，等. 分布式机器学习:算法、理论与实践[M]. 北京:机械工业出版社，2018.

[17] VINYALS O, BABUSCHKIN I, CZARNECKI W M, et al. Grandmaster level in StarCraft II using multi-agent reinforcement learning [J]. Nature, 2019, 575(7782): 350-354.

[18] ZHANG K, YANG Z, BASAR T. Multi-agent reinforcement learning: a selective overview of theories and algorithms [A] // Handbook of Reinforcement Learning and Control. Cham: Springer, 2021.

[19] REYNOLDS C W. Flocks, Herds and schools: a distributed behavioral model [J]. ACM Siggraph Computer Graphics, 1987, 21(4): 25-34.

[20] VICSEK T, CZIRÓK A, BEN-JACOB E, et al. Novel type of phase transition in a system of self-driven particles[J]. Physical Review Letters, 1995, 75(6): 1226-1229.

[21] MURRAY R M, ASTROM K J, BOYD S P, et al. Future directions in control in an information-rich world [J]. IEEE Control Systems Magazine, 2003, 23(2): 20-33.

[22] CORTES J, MARTINEZ S, KARATAS T. Coverage Control for Mobile Sensing Networks[J]. IEEE Transactions on robotics and Automation, 2004, 20(2): 243-255.

[23] U. S. Department of Defense. Unmanned Systems Integrated Roadmap 2017-2042 [EB/OL]. (2018-08-01) [2023-03-30]. https://apps. dtic. mil/sti/citations/AD1059546.

[24] REN W, BEARD R W. Distributed Consensus in Multi-vehicle Cooperative Control[M]. London: Springer, 2008.

[25] LYNCH N A. Distributed Algorithms [M]. Burlington: Morgan Kaufmann, 1996.

[26] LEBLANC H J, ZHANG H, KOUTSOUKOS X, et al, Resilient asymptotic consensus in robust networks [J]. IEEE Journal on Selected Areas in Communications, 2013, 31(4): 766-781.

[27] PARK H, HUTCHINSON S A. Fault-tolerant rendezvous of multirobot systems [J]. IEEE Transactions on Robotics, 2017, 33(3): 565-582.

[28] XIAO Y, ZHANG N, LOU W, et al. A Survey of distributed consensus protocols for Blockchain networks [J]. IEEE Communications Surveys & Tutorials, 2020, 22(2): 1432-1465.

[29] DEGROOT M H. Reaching aconsensus [J]. Journal of the American Statistical Association, 1974, 69(345): 118-121.

[30] BORKAR V, VARAIYA P. Asymptotic agreement in distributed estimation [J]. IEEE Transactions on Automatic Control, 1982, 27(3): 650-655.

[31] JADBABAIE A, LIN J, MORSE A S. Coordination of groups of mobile autonomous agents using nearest neighbor rules [J]. IEEE Transactions on Automatic Control, 2003, 48(6): 988-1001.

[32] BERTSEKAS D P, TSITSIKLIS J N. Comments on "Coordination of groups of mobile autonomous agents using nearest neighbor rules" [J]. IEEE Transactions on Automatic Control, 2007, 52(5): 968-969.

[33] OLFATI-SABER R, MURRAY R M. Consensus problems in networks of agents with switching topology and time-delays [J]. IEEE Transactions on Automatic Control, 2004, 49(9): 1520-1533.

[34] REN W, BEARD R W, Consensus seeking in multiagent systems under dynamically changing interaction topologies [J]. IEEE Transactions on Automatic Control, 2005, 50(5): 655-661.

[35] LIN Z, FRANCIS B, MAGGIORE M. Necessary and sufficient graphical conditions for formation control of unicycles [J]. IEEE Transactions on Automatic Control. 2005, 50(1): 121-127.

[36] MOREAU L. Stability of multiagent systems with time-dependent communication links[J]. IEEE Transactions on Automatic Control, 2005, 50 (2), 169-182.

[37] HONG Y, HU J, GAO L. Tracking control for multi-agent consensus

with an active leader and variable topology [J]. Automatica, 2006, 42(7): 1177-1182.

[38] OLFATI-SABER R, Flocking for multi-agent dynamic systems: algorithms and theory [J]. IEEE Transactions on Automatic Control, 2006, 51(3): 401-420.

[39] OLFATI-SABER R, FAX J A, MURRAY R M. Consensus and cooperation in networked multi-agent systems [J]. Proceedings of the IEEE. 2007, 95(1):215-233.

[40] HONGY, CHEN G, BUSHNELL L. Distributed observers design for leader-following control of multi-agent networks [J]. Automatica, 2008, 44(3): 846-850.

[41] NI W, CHENG D. Leader-following consensus of multi-agent systems under fixed and switching topologies [J]. Systems & Control Letters. 2010, 59(3-4):209-217.

[42] ISIDORI A, MARCONI L, SERRANI A. Robust Autonomous Guidance: An Internal Model Approach [M]. London: Springer, 2003.

[43] HUANG J. Nonlinear Output Regulation: Theory and Applications [M]. Philadelphia: SIAM, 2004.

[44] WANG X, HONG Y, HUANG J, et al. A distributed control approach to a robust output regulation problem for multi-agent linear systems [J]. IEEE Transactions on Automatic control. 2010, 55(12): 2891-2895.

[45] WIELAND P, SEPULCHRE R, ALLGÖWER F. An internal model principle is necessary and sufficient for linear output synchronization [J]. Automatica. 2011,47(5):1068-1074.

[46] KIM H, SHIM H, SEO J H. Output consensus of heterogeneous uncertain linear multi-agent systems [J]. IEEE Transactions on Automatic Control, 2011, 56(1): 200-206.

[47] SU Y, HONG Y, HUANG J. A general result on the robust cooperative output regulation for linear uncertain multi-agent systems [J]. IEEE Transactions on Automatic Control. 2012, 58(5):1275-1279.

[48] SU Y, HUANG J. Cooperative output regulation of linear multi-agent systems [J]. IEEE Transactions on Automatic Control. 2012, 57(4):

1062-1066.

[49] XU D, HONG Y, WANG X. Distributed output regulation of nonlinear multi-agent systems via host internal model [J]. IEEE Transactions on Automatic Control, 2014, 59(10): 2784-2789.

[50] ISIDORI A, MARCONI L, Casadei G. Robust output synchronization of a network of heterogeneous nonlinear agents via nonlinear regulation theory [J]. IEEE Transactions on Automatic Control. 2014, 59(10): 2680-2691.

[51] SU Y, HUANG J. Cooperative adaptive output regulation for a class of nonlinear uncertain multi-agent systems with unknown leader [J]. Systems & Control Letters, 2013, 62(6): 461-467.

[52] WANG X, HONG Y, JI H. Adaptive multi-agent containment control with multiple parametric uncertain leaders [J]. Automatica, 2014, 50(9), 2366-2372.

[53] WANG X, SU Y, XU D. A nonlinear internal model design for heterogeneous second-order multi-agent systems with unknown leader [J]. Automatica, 2018, 91: 27-35.

[54] LI Z, LIU X, REN W, et al. Distributed tracking control for linear multiagent systems with a leader of bounded unknown input [J]. IEEE Transactions on Automatic Control. 2013, 58(2): 518-523.

[55] PAPPAS G J, LAFFERRIERE G, SASTRY S. Hierarchically consistent control systems [J]. IEEE Transactions on Automatic Control. 2000, 45(6): 1144-1160.

[56] GIRARD A, PAPPAS G J. Approximation metrics for discrete and continuous systems [J]. IEEE Transactions on Automatic Control. 2007, 52(5): 782-798.

[57] GIRARD A, PAPPAS G J. Hierarchical control system design using approximate simulation [J]. Automatica. 2009, 45(2): 566-571.

[58] TANG Y, HONG Y. Hierarchical distributed control design for multi-agent systems using approximate simulation [J]. Acta Automatica Sinica, 2013, 39(6): 868-874.

[59] TANG Y. Leader-following coordination problem with an uncertain leader

in a multi-agent system[J]. IET Control Theory & Applications, 2014, 8(10): 773-781.

[60] TANG Y, HONG Y, WANG X. Distributed output regulation for a class of nonlinear multi-agent systems with unknown-input leaders [J]. Automatica, 2015, 62(1): 154-160.

[61] TANG Y. Coordination of heterogeneous nonlinear multi-agent systems with prescribed behaviours [J]. International Journal of Control, 2017, 90(10): 2197-2205.

[62] SHI G, HONG Y. Global target aggregation and state agreement of nonlinear multi-agent systems with switching topologies [J]. Automatica. 2009, 45(5):1165-1175.

[63] MESBAHI M, EGERSTEDT M. Graph Theoretic Methods in Multiagent Networks [M]. Princeton: Princeton University Press, 2010.

[64] LOVISARI E, ZAMPIERI S. Performance metrics in the average consensus problem: a tutorial [J]. Annual Reviews in Control. 2012, 36(1): 26-41.

[65] NOWZARI C, GARCIA E, CORTES J. Event-triggered communication and control of networked systems for multi-agent consensus [J]. Automatica. 2019, 105: 1-27.

[66] SEPULCHRE R. Consensus on nonlinear spaces [J]. Annual Reviews in Control. 2011, 35(1):56-64.

[67] PAVEL L, HONG Y. Distributed games and Nash equilibrium seeking in multiagent systems over networks (Special issue) [J]. IEEE Control Systems Magazine. 2022, 42(4):32-4.

[68] YI P, LEI J, LI X, et al. A survey on noncooperative games and distributed Nash equilibrium seeking over multi-agent networks [J]. CAAI Artificial Intelligence Research. 2022, 1(1): 8-27.

[69] PACCAGNAN D, CHANDAN R, Marden J R. Utility and mechanism design in multi-agent systems: an overview [J]. Annual Reviews in Control, 2022,53: 315-328.

[70] ISHII H, WANG Y, FENG S. An overview on multi-agent consensus under adversarial attacks [J]. Annual Reviews in Control. 2022, 53: 252-

272.

[71] ZHANG D, FENG G, SHI Y, et al. Physical safety and cyber security analysis of multi-agent systems: a survey of recent advances [J]. IEEE/CAA Journal of Automatica Sinica. 2021, 8(2): 319-333.

[72] NEDIĆ A, OZDAGLAR A. Distributed subgradient methods for multi-agent optimization [J]. IEEE Transactions on Automatic Control, 2009, 54(1): 48-61.

[73] TSITSIKLIS J N. Problems in decentralized decision making and computation [D]. Cambridge: Massachusetts Institute of Technology, 1984.

[74] BOYD S, PARIKH N, CHU E, et al. Distributed optimization and statistical learning via the alternating direction method of multipliers. Foundations and Trends in Machine Learning [J]. 2011, 3(1):1-22.

[75] SAYED A H. Adaptation, learning, and optimization over networks [J]. Foundations and Trends in Machine Learning. 2014, 7(4-5):311-801.

[76] NEDICH A. Convergence rate of distributed averaging dynamics and optimization in networks [J]. Foundations and Trends in Systems and Control. 2015, 2(1): 1-100.

[77] KHAN U A, BAJWA W U, NEDIĆ A, et al. Optimization for data-driven learning and control [J]. Proceedings of the IEEE, 2020, 108(11): 1863-1868.

[78] NEDIC A, OZDAGLAR A, PARRILO P A. Constrained consensus and optimization in multi-agent networks[J]. IEEE Transactions on Automatic Control, 2010, 55(4): 922-938.

[79] LOU Y, SHI G, JOHANSSON K H, et al. Approximate projected consensus for convex intersection computation: convergence analysis and critical error angle [J]. IEEE Transactions on Automatic Control, 2014, 59(7): 1722-1736.

[80] YUAN D, HO D W, XU S. Inexact dual averaging method for distributed multi-agent optimization [J]. Systems & Control Letters, 2014, 71: 23-30.

[81] ZHU M, MARTINEZ S. On distributed convex optimization under inequality and equality constraints[J]. IEEE Transactions on Automatic Control, 2011, 57(1): 151-164.

[82] JAKOVETIC D, MOURA J M F, XAVIER J. Linear convergence rate of a class of distributed augmented Lagrangian algorithms [J]. IEEE Transactions on Automatic Control, 2014, 60(4): 922-936.

[83] LIU Q, YANG S, HONG Y. Constrained consensus algorithms with fixed step size for distributed convex optimization over multi-agent networks[J]. IEEE Transactions on Automatic Control, 2017, 62(8): 4259-4265.

[84] LIU S, QIU Z, XIE L. Convergence rate analysis of distributed optimization with projected subgradient algorithm[J]. Automatica, 2017, 83(83): 162-169.

[85] SHI W, LING Q, WU G, et al. EXTRA: an exact first-order algorithm for decentralized consensus optimization [J]. SIAM Journal on Optimization, 2015, 25(2): 944-966.

[86] TSIANOS K I, LAWLOR S, RABBAT M G. Push-sum distributed dual averaging for convex optimization [C] // Proceedings of 51st IEEE Conference on Decision and Control. Hawaii: IEEE, 2012: 5453-5458.

[87] NEDIĆ A, OLSHEVSKY A. Distributed optimization over time varyiny directed graphs [J]. IEEE Transactions on Automatic Control, 2015, 60(3): 601-615.

[88] XI C, XIN R, KHAN U A. ADD-OPT: accelerated distributed directed optimization[J]. IEEE Transactions on Automatic Control, 2018, 63(5): 1329-1339.

[89] XIE P, YOU K, TEMPO R, et al. Distributed convex optimization with inequality constraints over time-varying unbalanced digraphs [J]. IEEE Transactions on Automatic Control, 2018, 63(12): 4331-4337.

[90] ARROW K J, HURWICZ L, UZAWA H. Studies in Linear and Nonlinear Programing [M]. Stanford: Stanford University Press, 1958.

[91] WANG J, ELIA N. Control approach to distributed optimization [C] //

Proceedings of the 48th Annual Allerton Conference on Communication, Control, and Computing. Monticello: IEEE, 2010: 557-561.

[92] WANG J, ELIA N. A control perspective for centralized and distributed convex optimization [C] // Proceedings of the 50th IEEE Conference on Decision and Control. Orlando: IEEE, 2011: 3800-3805.

[93] GHARESIFARD B, CORTES J. Distributed continuous-time convex optimization on weight-balanced digraphs [J]. IEEE Transactions on Automatic Control, 2014, 59(3): 781-786.

[94] KIA S, CORTESÉS J, MARTÍNEZ S. Distributed convex optimization via continuous time coordination algorithms with discrete-time communication [J]. Automatica, 2015, 55(55): 254-264.

[95] LU J, TANG C Y. Zero-gradient-sum algorithms for distributed convex optimization: the continuous-time case [J]. IEEE Transactions on Automatic Control, 2012, 57(9): 2348-2354.

[96] QIU Z, LIU S, XIE L. Distributed constrained optimal consensus of multi-agent systems[J]. Automatica, 2016, 68(68): 209-215.

[97] YANG S, LIU Q, WANG J. A multi-agent system with a proportional-integral protocol for distributed constrained optimization [J]. IEEE Transactions on Automatic Control, 2017, 62(7): 3461-3467.

[98] ZENG X, YI P, HONG Y. Distributed continuous-time algorithm for constrained convex optimizations via nonsmooth analysis approach [J]. IEEE Transactions on Automatic Control, 2017, 62(10): 5227-5233.

[99] LIN P, REN W, FARRELL J A. Distributed continuous-time optimization: nonuniform gradient gains, finite-time convergence, and convex constraint set [J]. IEEE Transactions on Automatic Control, 2017, 62(5): 2239-2253.

[100] LI N, ZHAO C, CHEN L. Connecting automatic generation control and economic dispatch from an optimization view [J]. IEEE Transactions on Control of Network Systems, 2016, 3(3): 254-264.

[101] LI S, KONG R, GUO Y. Cooperative distributed source seeking by multiple robots: algorithms and experiments [J]. IEEE-ASME Transactions on Mechatronics, 2014, 19(6): 1810-1820.

[102] TANG Y, YI P. Distributed coordination for a class of nonlinear multi-Agent systems with regulation constraints[J]. IET Control Theory and Applications, 2018, 12(1): 1-9.

[103] JOKÍC A, LAZAR M, VAN DEN BOSCH P. On constrained steady-state regulation: dynamic KKT controllers[J]. IEEE Transactions on Automatic Control, 2009, 54(9): 2250-2254.

[104] BRUNNER F D, DURR H, EBENBAUER C. Feedback design for multi-agent systems: A saddle point approach [C] // Proceedings of the 51st IEEE Conference on Decision and Control. Hawaii: IEEE, 2012: 3783-3789.

[105] ZHANG Y, DENG Z, HONG Y. Distributed optimal coordination for multiple heterogeneous Euler-Lagrangian systems [J]. Automatica, 2017, 79(1): 207-213.

[106] WANG X, HONG Y, JI H. Distributed optimization for a class of nonlinear multiagent systems with disturbance rejection [J]. IEEE Transactions on Cybernetics, 2016, 46(7): 1655-1666.

[107] XIE Y, LIN Z. Global optimal consensus for multi-agent systems with bounded controls [J]. Systems & Control Letters, 2017, 102 (1): 104-111.

[108] QIU Z, XIE L, HONG Y. Distributed optimal consensus of multiple double integrators under bounded velocity and acceleration [J]. Control Theory and Technology, 2019, 17(1): 85-98.

[109] ZHANG Y, HONG Y. Distributed optimization design for high-order multi-agent systems [C] // Proceedings of the 34th Chinese Control Conference. Hangzhou: IEEE, 2015: 7251-7256.

[110] YANG T, YI X, WU J, et al. A survey of distributed optimization [J]. Annual Reviews in Control, 2019, 47(1): 278-305.

[111] 唐于涛. 基于抽象化的复杂系统分层控制及应用[M]. 北京：科学出版社，2018.

[112] MESAROVIC M D, MACKO D, TAKAHARA Y. Theory of Hierarchical, Multilevel, Systems [M]. New York: Academic Press, 2000.

[113] 席裕庚. 大系统控制论与复杂网络—探索与思考[J]. 自动化学报，2013，39(11)：1758-1768.

[114] ALUR R. Principles of Cyber-physical Systems [M]. Cambridge：MIT Press，2015.

[115] TANG Y，DENG Z，HONG Y. Optimal output consensus of high-order multi-agent systems with embedded technique [J]. IEEE Transactions on Cybernetics，2019，49(5)：1768-1779.

[116] TANG Y，QIN H. Decision-making and control co-design for multi-agent systems：a hierarchical design methodology [J]. Control Theory and Technology，2022，20(3)：439-441.

[117] KHALIL H K. Nonlinear Systems[M]. 3rd ed. Upper Saddle River：Prentice Hall，2002.

[118] TANG Y，WANG X. Optimal output consensus for nonlinear multiagent systems with both static and dynamic uncertainties [J]. IEEE Transactions on Automatic Control，2021，66(4)：1733-1740.

[119] SONTANG E D. A remark on the converging-input converging-state property [J]. IEEE Transactions on Automatic Control. 2003，48(2)：313-314.

[120] TANG Y. Distributed optimal steady-state regulation for high-order multiagent systems with external disturbances [J]. IEEE Transactions on Systems，Man，and Cybernetics：Systems，2020，50(11)：4828-4835.

[121] FARRELL J A，Polycarpou M M. Adaptive Approximation Based Control：Unifying Neural，Fuzzy and Traditional Adaptive Approximation Approaches [M]. New York：John Wiley & Sons，2006.

[122] SLOTINE J J，LI W. Applied Nonlinear Control [M]. Englewood Cliffs：Prentice Hall，1991

[123] KRSTIC M，KOKOTOVIC P V，Kanellakopoulos I. Nonlinear and Adaptive Control Design [M]. New York：John Wiley & Sons，1995.

[124] TANG Y，WANG D. Neural-network-based constrained optimal coordination for heterogeneous uncertain nonlinear multi-agent systems [J]. International Journal of Robust and Nonlinear Control，2022，32(14)：8134-8146.

[125] LEWIS F W, Jagannathan S, Yesildirak A. Neural Network Control of Robot Manipulators and Non-linear Systems [M]. London: Taylor & Francis, 1999.

[126] GE S S, HANG C C, LEE T H, et al. Stable Adaptive Neural Network Control [M]. New York: Springer, 2013.

[127] TANG Y. Distributed optimization for a class of high-order nonlinear multi-agent systems with unknown dynamics [J]. International Journal of Robust and Nonlinear Control, 2018, 28(17): 5545-5556.

[128] TANG Y, WANG X. Optimal output consensus for a class of uncertain nonlinear multi-agent systems [C] // Proceedings of the 2018 Annual American Control Conference. Milwaukee: IEEE, 2018: 2059-2064.

[129] TANG Y. Multi-agent optimal consensus with unknown control directions [J]. IEEE Control Systems Letters, 2021, 5(4): 1201-1206.

[130] TEEL A, PRALY L. Tools for semiglobal stabilization by partial state and output feedback [J]. SIAM Journal on Control and Optimization. 1995, 33(5):1443-1488.

[131] KHALIL H K, PRALY L. High-gain observers in nonlinear feedback control [J]. International Journal of Robust and Nonlinear Control. 2014, 24(6):993-1015.

[132] TANG Y, ZHU K. Optimal consensus for uncertain high-order multi-agent systems by output feedback[J]. International Journal of Robust and Nonlinear Control, 2022, 32(4): 2084-2099.

[133] ISIDORI A. Nonlinear Control Systems [M]. 3rd ed. London: Springer, 1995.

[134] XU D, HUANG J. Robust adaptive control of a class of nonlinear systems and its applications [J]. IEEE Transactions on Circuits and Systems I: Regular Papers. 2009, 57(3):691-702.

[135] YE X D, JIANG J P. Adaptive nonlinear design without a priori knowledge of control directions [J]. IEEE Transactions on Automatic Control. 1998, 43(11):1617-1621.

[136] ILCHMANN A. Non-identifier-based High-gain Adaptive Control [M]. London: Springer, 1993.

[137] LEI J, CHEN H F, FANG H T. Primal-dual algorithm for distributed constrained optimization [J]. Systems & Control Letters. 2016, 96:110-117.

[138] JIANG Z P, WANG Y. A converse Lyapunov theorem for discrete-time systems with disturbances [J]. Systems & Control Letters. 2002, 45: 49-58.

[139] TANG Y, ZHU H, LV X. Achieving optimal output consensus for discrete-time linear multi-agent systems with disturbance rejection [J]. IET Control Theory & Applications, 2021, 15(5): 749-757.

[140] DEVOLDER O, GLINEUR F, NESTEROV Y. First-order methods of smooth convex optimization with inexact oracle [J]. Mathematical Programming. 2014, 146: 37-75.

[141] ZHU K, TANG Y. Primal-dual ε-subgradient method for distributed optimization [J]. Journal of Systems Science and Complexity, 2023, 36: 577-590.

[142] AUSLENDER A, TEBOULLE M. Interior gradient and epsilon-subgradient descent methods for constrained convex minimization [J]. Mathematics of Operations Research, 2004, 29:1-26.

[143] ALBER Y I, IUSEM A N, SOLODOV M V. On the projected subgradient method for nonsmooth convex optimization in a Hilbert space [J]. Mathematical Programming. 1998, 81: 23-35.

[144] ZHU K, ZHANG Y, TANG Y. Distributed optimization with inexact oracle [J]. Kybernetika, 2022, 58(4): 578-592.

[145] FACCHINEI F, PANG J S. Finite-dimensional Variational Inequalities and Complementarity Problems [M]. New York: Springer, 2003.

[146] HU G, PANG Y, SUN C, et al. Distributed Nash equilibrium seeking: continuous-time control-theoretic approaches [J]. IEEE Control Systems Magazine, 2022, 42 (4): 68-86.

[147] YI P, LEI J, LI X, et al. Asurvey on noncooperative games and distributed Nash equilibrium seeking over multi-agent networks [J]. CAAI Artificial Intelligence Research, 2022, 1(1): 8-27.

[148] YE M J, HAN Q L, DING L, et al. Distributed Nash equilibrium

seeking in games with partial decision information: a survey [J]. Proceedings of the IEEE, 2023, 111(2): 140-157.

[149] GADJOV D, PAVEL L. A passivity-based approach to Nash equilibrium seeking over networks [J]. IEEE Transactions on Automatic Control. 2019, 64(3):1077-1092.

[150] HADJICOSTIS C N, DOMÍNGUEZ-GARCÍA A D, Charalambous T. Distributed averaging and balancing in network systems: with applications to coordination and control [J]. Foundations and Trends in Systems and Control. 2018, 5(2-3):99-292.

[151] ZHU Y, YU W, WEN G, et al. Distributed Nash equilibrium seeking in an aggregative game on a directed graph [J]. IEEE Transactions on Automatic Control, 2021, 66(6): 2746-2753.

[152] TATARENKO T, SHI W, NEDIĆ A. Geometric convergence of gradient play algorithms for distributed Nash equilibrium seeking [J]. IEEE Transactions on Automatic Control. 2021, 66(11): 5342-5353.

[153] TANG Y, YI P, ZHANG Y, et al. Nash equilibrium seeking over directed graphs [J]. Autonomous Intelligent Systems. 2022, 2(1):7.

[154] TANG Y, YI P. Nash equilibrium seeking for high-order multi-agent systems with unknown dynamics [J]. IEEE Transactions on Control of Network Systems, 2023, 10(1): 321-332.

[155] IOANNOU P, SUN J. Robust Adaptive Control[M]. 2nd ed. New York: Courier Corporation, 2012.

[156] SASTRY S S. Nonlinear Systems: Analysis, Stability, and Control [M]. London: Springer, 1999.

[157] 郭雷，程代展，冯德兴．控制理论导论[M]．北京：科学出版社，2005.

[158] HORN R A, JOHNSON C R. Matrix Analysis[M]. 2nd ed. New York: Cambridge University Press, 2013.

[159] MEYER C D. Matrix Analysis and Applied Linear Algebra [M]. Philadelphia: SIAM, 2000.

[160] 张贤达．矩阵分析与应用[M]．北京：清华大学出版社，2004.

[161] BAPAT R, RAGHAVAN T. Nonnegative Matrices and Applications [M].

Cambridge: Cambridge University Press, 1997.

[162] GODSIL C, ROYLE G F. Algebraic Graph Theory [M]. London: Springer, 2001.

[163] BULLO F, CORTÉS J, MARTINEZ S. Distributed Control of Robotic Networks [M]. Princeton: Princeton University Press, 2009.

[164] POLYAK B T. Introduction to Optimization [M]. New York: Optimization Software, 1987.

[165] BERTSEKAS D P. Nonlinear Programming [M]. Belmont: Athena Scientific,1999.

[166] RUSZCZYNSKI A. Nonlinear Optimization [M]. Princeton: Princeton University Press, 2006.

[167] BERTSEKAS D P. Convex Optimization Algorithms [M]. Belmont: Athena Scientific, 2015.

[168] BAUSCHKE H H, COMBETTES P L. Convex Analysis and Monotone Operator Theory in Hilbert Spaces[M]. 2nd ed. Cham: Springer, 2017.

[169] NESTEROV Y. Lectures on Convex Optimization[M]. 2nd ed. Berlin: Springer, 2018.

[170] BASAR T, OLSDER G J. Dynamic Noncooperative Game Theory[M]. 2nd ed. Philadelphia: SIAM, 1999.

[171] YOUNG P, ZAMIR S. Handbook of Game Theory [M]. Amsterdam: Elsevier, 2014.

[172] BASAR T, ZACCOUR G. Handbook of Dynamic Game Theory [M]. Berlin: Springer, 2018.

[173] TERREL W. Stability and Stabilization: An Introduction [M]. Princeton: Princeton University Press, 2009.

[174] 郭雷. 时变随机系统:稳定性与自适应理论[M]. 2 版. 北京:科学出版社, 2020.

[175] 王松桂, 吴密霞, 贾忠贞. 矩阵不等式[M]. 2 版. 北京: 科学出版社, 2006.

[176] CHEN C-T. Linear System Theory and Design [M]. New York: Oxford University Press, 1999.

[177] KAILATH T. Linear Systems [M]. Englewood Cliffs: Prentice-

Hall, 1980.

[178] KOKOTOVIC P, KHALI H K, O'REILLY J. Singular Perturbation Methods in Control: Analysis and Design [M]. Philadelphia: SIAM, 1999.

[179] HADDAD W, NERSESOV S. Stability and Control of Large-scale Dynamical Systems: A Vector Dissipative Systems Approach [M]. Princeton: Princeton University Press, 2011.

[180] SONTANG E D. Mathematical Control Theory: Deterministic Finite-Dimensional Systems[M]. 2nd ed. New York: Springer, 1998.

附　录

数学基础

本书涉及不少数学知识，包括向量与函数、图论、凸分析、系统稳定性等。下面就书中反复出现的概念和符号进行简要的归纳和说明。更多详细内容请读者自行查阅相关教材或专著[63, 117, 155-180]。

A. 向量与函数

本书采用标准数学符号。记$\mathbb{R}^n$为n维欧氏空间，$\mathbb{R}^{n\times m}$表示欧氏空间里所有维度为$n\times m$的矩阵。用$\boldsymbol{I}_n$表示n维单位矩阵，$\boldsymbol{0}$和$\boldsymbol{1}$表示恰当维数的全0和全1矩阵。记$\mathrm{diag}\{b_1,\cdots,b_n\}$是对角元素取$b_1,\cdots,b_n$的$n\times n$矩阵。对于欧氏空间里的向量$\boldsymbol{x}$(或者矩阵$\boldsymbol{A}$)，$\|\boldsymbol{x}\|$($\|\boldsymbol{A}\|$)表示其欧氏范数(谱范数)。对于方阵$\boldsymbol{A}$，$\mathrm{tr}\,\boldsymbol{A}$表示矩阵$\boldsymbol{A}$的迹，$\|\boldsymbol{A}\|_F=\sqrt{\mathrm{tr}(\boldsymbol{A}^{\mathrm{T}}\boldsymbol{A})}$表示其Frobenius范数。

考虑连续函数$\alpha:[0,a)\to[0,\infty)$。如果它严格递增且满足$\alpha(0)=0$，那么称它为$\mathcal{K}$类函数。进一步，若$a=\infty$且$\lim\limits_{s\to\infty}\alpha(s)=\infty$，则称它是$\mathcal{K}_\infty$类函数。考虑一个连续函数$\beta:[0,a)\times[0,\infty)\to[0,\infty)$，若对每个固定的$s$，映射$\beta(r,s)$是关于$r$的$\mathcal{K}$类函数，同时对固定的$r$，它是$s$的单调下降函数且满足$\lim\limits_{s\to\infty}\beta(r,s)=0$，则称函数$\beta$为$\mathcal{KL}$类函数。

若$V(0)=0$且对任意$x\neq0$均满足$V(x)>0$，则称连续可微函数$V(x):D\to\mathbb{R}$是正定的。若对任意$x\neq0$，满足$V(x)\geqslant0$，则称V是半正定的。若$-V(x)$是正定或者半正定的，则称V是负定或者半负定的。若$V(0,t)=0$，且存在时不变正定函数$V_o(x)$，对任意$t>0$均满足$V(x,t)\geqslant V_o(x)$，则时变函数$V(x,t):D\times\mathbb{R}_+\to\mathbb{R}$是正定的。若$V(0,t)=0$，且存在时不变正定函数$V_l(x)$，对任意$t>0$满足$V(x,$

$t)\leqslant V_l(x)$，则时变函数 $V(x,t):D\times\mathbb{R}_+\rightarrow\mathbb{R}$ 是递减的。

B. 图论

本书使用代数图来描述多智能体之间的通信关系。具体来说，对于由 N 个智能体组成的系统，智能体之间的通信关系常用有向加权图 $\mathcal{G}=(\mathcal{N},\mathcal{E},\mathcal{A})$ 来描述，其中 $\mathcal{N}=\{1,\cdots,N\}$ 是节点集合，代表智能体；$\mathcal{E}$是连边集合，表示邻接关系或通信关系；$\mathcal{A}=[a_{ij}]\in\mathbb{R}^{N\times N}$ 为加权邻接矩阵。用 (i,j) 表示从节点 i 出发终于节点 j 的一条有向边，对应的权重为 $a_{ji}>0$。本书假定 $a_{ii}=0$，即图上不包含自圈。由一组节点 $i_1,\cdots,i_l$ 和它们的连边组成的交替序列称作图上从节点 i_1 出发终于节点 i_l 的一条有向路径。若存在一条从节点 i 出发终于节点 j 的有向路径，则称节点 i 是从节点 j 可达的。若节点 i 从图上任意其他节点都是可达的，称之为全局可达的，或称其为图的中心节点。若图中至少存在一个中心节点，则称该图是拟强连通的。若图中的每个节点都是中心节点，则称该图是强连通的。显然，强连通图的定义等价于对图 $\mathcal{G}$ 中的任意一对节点 i,j 都存在从 i 到 j 的一条有向路径。

若任意一对节点之间都有邻边，则称该图为完全图。若对所有的 i 均满足等式 $\sum_{j=1}^{N}a_{ij}=\sum_{j=1}^{N}a_{ji}$，则称此有向图为权重平衡图，其中前者称为节点 i 的入度，后者称为节点 i 的出度。定义节点 i 的邻居集合为 $\mathcal{N}_i=\{j:(j,i)\in\mathcal{E}\}$。若图中仅包含一条由互不相同的节点组成的路径，则称此图为有向链图。若图中存在一个节点使得从其他任何节点到此节点有且仅有一条路径，则称此图为有向树。其中只有一个邻居的节点称为叶节点。若图的节点总数大于 1，则图中至少有 2 个叶节点。此外，若 $a_{ij}=a_{ji}(i,j=1,\cdots,N)$，称图是无向的。对无向图来说，强连通和拟强连通等价，故简称该图是连通的。定义图的入度矩阵为 $\boldsymbol{D}=[d_{ij}]\in\mathbb{R}^{N\times N}$，其中 $d_{ij}=0(i\neq j)$，$d_{ii}=\sum_{j=1}^{N}a_{ij}$。再定义图的入度 Laplacian 矩阵为 $\boldsymbol{L}=\boldsymbol{D}-\boldsymbol{A}$。可以验证，对任意有向图来说，它的入度 Laplacian 矩阵满足 $\boldsymbol{L}\mathbf{1}=\mathbf{0}$。特别地，如果一个有向图是平衡图，那么 $\mathbf{1}^{\mathrm{T}}\boldsymbol{L}=\mathbf{0}$ 也成立。

C. 凸分析

本书考虑最优一致性问题，这里列举一些凸优化中的基本定义和性质。

令 Ω 为欧氏空间 $\mathbb{R}^n$ 中的集合，若对任意 $x,y\in\Omega$ 和 $0\leqslant c\leqslant 1$，均有 $cx+(1-c)y\in\Omega$，则称 Ω 为凸集。若对任意的 $x,y\in\Omega,c_i\geqslant 0(i=1,2)$，均有 $c_1x+c_2y\in\Omega$，则称 Ω 为凸锥。令 $f:\mathbb{R}^n\rightarrow\mathbb{R}$ 为实函数。若对任意的 x,y 和 $0\leqslant c\leqslant 1$，均有 $f(cx+(1-c)y)\leqslant cf(x)+(1-c)f(y)$，则称 f 为凸函数。若等号仅在 $x=y$ 时成立，则称 f 为严格凸函数。如果存在常数 $\sigma>0$，使得 $f(cx+(1-c)y)\leqslant(1-c)f(x)+cf(y)-\frac{1}{2}\sigma c(1-c)\|x-y\|^2$，那么称该函数是 σ-强凸的。

有时还将实数域扩展到包含无穷大的情况来讨论凸函数的定义。若至少存在一个 x 使得 $f(x)>-\infty$ 成立，则称函数 f 是正常的。记凸函数 f 的定义域为 $\mathrm{dom}(f):=\{x\mid f(x)\leqslant+\infty\}$，若函数是凸的，则定义域 $\mathrm{dom}(f)$ 是凸的。正常凸函数在其定义域内是局部 Lipschitz 的。当凸函数 f 可微时，记 ∇f 为其梯度。若该函数二次可微，记 $\nabla^2 f$ 为其 Hessian 矩阵。当 f 为非光滑时，若对任意 y 成立 $f(y)\geqslant f(x)+\boldsymbol{d}^{\mathrm{T}}(y-x)$，则称 d 是它的一个次梯度方向。在不致混淆的前提下，将所有次梯度的集合记作 ∂f，称其为该点处的次微分。

如果函数 f 是可微的，那么可通过其一阶导数判断其凹凸性。比如，若函数满足

$$f(\xi_1)-f(\xi_2)\geqslant\nabla f(\xi_2)(\xi_1-\xi_2),\quad \forall\xi_1,\xi_2\in\mathbb{R}^n$$

则 f 为凸函数。假如当 $\xi_1\neq\xi_2$ 时，上述不等式严格成立，则 f 是严格凸函数。如果函数 f 满足 $f(y)\geqslant f(x)+g(x)^{\mathrm{T}}(y-x)+\frac{\omega}{2}\|y-x\|^2$，则 f 是 ω-强凸的。

D. 系统稳定性

为分析算法的收敛性，我们经常会将相关问题转化成某复合系统在平衡点处的稳定性问题。下面简单介绍稳定性相关的定义。

考虑时变系统：

$$\dot{x}=f(x,t),\quad x(t_0)=x_0$$

其中 $f:D\times\mathbb{R}_+\rightarrow\mathbb{R}^n$ 关于 x 是局部 Lipschitz 的。若对任意时间 t，$f(0,t)=0$ 恒成立，则称 $x=0$ 是系统的一个平衡点。

针对上述时变非线性系统，若对任意 $R>0$，存在 $r(R,t_0)>0$，使得当 $\|x(t_0)\|<r(R,t_0)$ 时，对任意 $t\geqslant t_0$，$\|x(t)\|\leqslant R$ 总成立，则称该系统在平衡点 $x=0$ 处是 Lyapunov 稳定的（简称稳定）；反之则称该系统为不稳定的。若该系统在原点

处是稳定的，且存在 $\delta(t_0)>0$，使得当 $\|x(t_0)\|\leqslant\delta(t_0)$ 时，成立 $\lim\limits_{t\to\infty}\|x(t)\|=0$，则称该系统在原点处是渐近稳定的。若该系统在原点处是稳定的，且对任意 $x(t_0)\in\mathbb{R}_+^n$，当 $t\to+\infty$ 时，$\|x(t)\|\to 0$ 成立，则称它是全局渐近稳定的。如果上述常数 r 和 δ 的选取是独立于 t_0 的，则称以上定义中的稳定性是一致的。

除稳定性外，输入-状态稳定性在非线性系统分析与综合中也至关重要。下面简单介绍其基本概念及一些常用的性质。

考虑系统 $\dot{x}=f(t,x,u)$，其中 f 关于时间 t 分片连续，关于 x 和 u 是局部 Lipschitz 的。如果存在一个 $\mathcal{KL}$-类函数 β 和一个 $\mathcal{K}$ 类函数 γ，使得对任意 $x(0)$ 和任意连续有界函数 $u(t)$，系统是向前完备的，并且满足

$$\|x(t)\|\leqslant\beta(\|x(t_0)\|,t-t_0)+\gamma(\sup_{t_0\leqslant\tau\leqslant t}\|u(\tau)\|),\quad \forall\, 0\leqslant t_0\leqslant t$$

称该系统关于输入 u 和状态 x 是输入-状态稳定的，并称 γ 为系统的增益函数。

由于 $\max\{\beta,\gamma\}\leqslant\beta+\gamma\leqslant\max\{2\beta+2\gamma\}$ 对任意 $\beta\geqslant 0,\gamma\geqslant 0$ 成立，因此输入-状态稳定的一种等价的定义是存在 $\mathcal{KL}$ 类函数 β 和 $\mathcal{K}$ 类函数 γ，对任意初始值 $x(t_0)$ 和有界输入 $u(t)$，系统的解不仅存在还满足如下不等式：

$$\|x(t)\|\leqslant\max\{\beta(\|x(t_0)\|,t-t_0),\gamma(\sup_{t_0\leqslant\tau\leqslant t}\|u(\tau)\|)\},\quad t\geqslant t_0$$

对一个输入-状态稳定的系统来说，当它的输入设置为 0 时，无驱动系统是渐近稳定的。因此，输入-状态稳定性其实是对经典有界输入-有界输出(Bounded-Input-Bounded-Output，BIBO)稳定性和渐近稳定性的推广。值得指出的是，当该系统的输入是收敛到零的时变函数时，其状态轨线也收敛到原点处。后者常被称为收敛输入-收敛状态(Convergent-Input-Convergent-State，CICS)性质，在研究扰动系统稳定性时很有用。